もっともっと知りたいハムスターのきもち

ハム語レッスン帖

哺乳動物学者
今泉忠明・監修

はじめに

ハムスターの気持ちを知るには何を見ればいい？

ハムスターの表情、しぐさ、行動すべてが〝ハム語〟です

一見、無口で無表情に見えるハムスター。ですがよくよく観察するとその表情やしぐさは多彩で、私たちはそこからさまざまなサインを読みとることができます。本書では、表情やしぐさなどのボディランゲージを通してハムスターが発信するサインを〝ハム語〟と呼び、その読み解き方を紹介しています。

〝ハム語〟を読み解くには、飼

1 表情に注目しよう

ハムスターの小さな顔の中の、これまた小さな目・鼻・口・耳が、そのときの感情を表しています。比較的大きくて読みとりやすいのは耳。ハムスターは聴覚が最も優れており、何かに注意しているときは耳が立ちます。視力は弱いですが、やはり気持ちと連動して、まぶたが閉じたり開いたり。開くと大きな口からは、鳴き声も発せられます。また、ヒゲや鼻の動きにも注目です。

2 姿勢の変化を観察しよう

後ろ足だけで立ち上がったり、ふせた姿勢でそろそろと歩いたり、はたまたおなか丸出しで寝ていたり。ハムスターの姿勢もさまざまです。ハムスターはよく寝る動物なので、とくに「寝姿」にはさまざまなバリエーションがあって興味深いところ。ほとんど寝ている昼間の時間帯でも、ハムスターがどんな気持ちでいるか、寝姿で察することができます。

い主さんの観察力も大切です。同じしぐさでも、状況によって意味するところは変わってきます。飼いハムの性格も加味すれば、より正確に〝ハム語〟が読み解けるでしょう。

3 しぐさから読みとろう

顔を洗ったり、えさを持って食べたり、巣材を一生懸命掘ったり。ハムスターは前足を器用に使えるので、しぐさはとってもバリエーション豊か。観察していても飽きませんね。さらにハムスターには「ほお袋」という特別な部分があり、ほお袋いっぱいにえさを詰めこむなどの楽しいしぐさも見せてくれます。やる気満々のときと、だらけているときのしぐさの違いにも注目です。

行動の意味を知ろう 4

行動の意味を知るには、ハムスターが野生ではどんな生活をしているかを知ることが大切です。ハムスターは一定の縄張りをもち、その中に自分の巣穴をつくります。その巣穴も、寝床用、食料貯蔵用、トイレ用と部屋が分かれていて、とても機能的。ペットのハムスターの場合も、巣材を使って快適な寝床を整えるなど、さまざまなおもしろい行動を見せてくれます。

飼いハムの基本の心理は「安心」と「警戒」です

安全＝安心、危険＝警戒のシンプルな心理

ハムスターの気持ちは、人間ほど複雑ではありません。安全な状況だと「安心」し、危険な状況だと「警戒」するというのが基本心理です。もちろん、その途中の「ちょっと警戒」や「まあまあ安心」などもあります。すべての気持ちは、このどこかに該当します。

何が安全で何が危険かは、本能に基づいています。例えば、野生では頭上を飛ぶ鳥に捕食されるこ

安心

急所であるおなかを見せて寝転がっているのは、安心しきっている証拠。

安全な状況ではリラックス

大きな物音がしなくて、室温も快適、優しい飼い主さんがいて、おなかはいっぱい……。そういう状況だと、ハムスターはリラックスできます。それが毎日続くのが、ハムスターの幸せ。変わったことのない、「いつもと同じ状況」が、安心できるのです。

とが多いため、似たようなものは怖がる本能があります。ペットのハムスターを上からつかもうとすると警戒するのはそのため。飼いハムを安心させるには、飼い主さんの知識も必要なのです。

警戒

仰向けになってジタバタ！　相手が襲ってきたらガブリとかみついてやろうという姿勢です。

やや危険を感じたときは、ピタッと止まってフリーズすることも。まわりのようすをじっと探ります。

危険な状況ではパニックも！

知らない人がさわろうとする、天敵の動物がいる、大きな物音がした、空腹で耐えられない……。そんな危険な状況では警戒し、逃げたり、威嚇したり。どうにもならないと思ったときにはパニックを起こし、鳴きながら大暴れすることもあります。

Contents

はじめに……2

LESSON 1 表情を読みとろう

Q1 目をパッチリ開けてジーッと見ているのはどんなとき？……14
Q2 目がショボショボしているのはどんなとき？……16
Q3 ウインクしているけど何かの合図？……18
Q4 鼻をヒクヒク動かしているのは、いいにおいがするの？……19
Q5 ヒゲをヒクヒク動かしているのは、何があったの？……20
Q6 耳をピンと立てているのはどんなとき？……21
Q7 耳を後ろに向けているのはどんなとき？……22
Q8 耳がペタンと寝ているのはどんなとき？……23
Q9 「ジジッ」と鳴くのはなんていっているの？……24
Q10 「キーキー」鳴くのはなんていっているの？……25
Q11 鳴いているように見えるのに、声がしない。大丈夫？……26
Q12 歯をガチガチ鳴らすのは寒いから？……27
Q13 大きな口を開けてあくびするのはなんでなの？……28
Q14 首をかしげているのは、何か困っているの？……29
4コママンガ 顔&鳴き声編……30
診断 うちの子タイプ診断……32
COLUMN オスとメスの性格の違いについて……36

LESSON 2

ボディランゲージを読みとろう

Q15 食べものでほお袋をいっぱいにするのはなぜ？……38
Q16 片方のほお袋ばかり使っているのはどうして？……39
Q17 ほお袋の中身を急に全部出すのは、何があったの？……40
Q18 何も入っていないのにほお袋がパンパン！ 怒っているの？……41
Q19 前足をモミモミしているのは、どういうとき？……42
Q20 前足で顔を洗っているのは汚れているの？……43
Q21 後ろ足で立ち上がるのは、遠くを見たいから？……44
Q22 後ろ足でしきりに耳をかいています……46
Q23 しっぽがピーンとなるのは、いったい何？……47
Q24 ほふく前進で歩いているのは、どういう意味？……48
Q25 目がランランとして猛ダッシュしています……49
Q26 おしりを床につけてペタンと座るのはなぜ？……50
Q27 体を伸ばして寝ているのはリラックスしているの？……51
Q28 仰向けになっておなかを見せて寝転がっているのは？……52
Q29 丸まって寝ているのは、どういう意味？……54
Q30 寝ているときに体がピクピクしているのは病気？……56
Q31 寝起きに大きな伸びをしているけどなんでだろう？……57
Q32 ひっくり返るとすぐに起き上がれない。不器用なの？……58

Q33 鳴きながらひっくり返り、バタバタと大暴れ。大丈夫？ …… 59
Q34 何かを見て固まったように動かなくなっちゃった …… 60
Q35 はじめての場所で、体中の手入れを始める理由って？ …… 62
Q36 いつもよりソワソワしておなかのあたりを毛づくろいしています …… 63
4コママンガ ボディ編 …… 64
診断 あなたの「ハム愛」タイプ診断 …… 66
COLUMN ハムスターの毛柄あれこれ …… 70

LESSON 3 行動の意味を探ろう【暮らし編】

Q37 昼間は寝ていて、夜になると元気になります …… 72
Q38 硬いものをかじりたがるけど、歯は大丈夫？ …… 73
Q39 同じものを毎日食べていて飽きないの？ …… 74
Q40 えさをくるくる回しながら食べるのはなぜ？ …… 75
Q41 「もっとくれ！」と「いらない」の日があるのは？ …… 76
Q42 食事が終わると前足をペロペロなめています …… 78
Q43 ケージのすみにえさを埋めるのは、隠そうとしているの？ …… 79
Q44 用意した水があまり減ってない。ちゃんと飲んでる？ …… 80

Q45 オシッコ前、したあと、砂かきする理由は？ 81
Q46 トイレじゃない場所にオシッコするのは、いやがらせ？ 82
Q47 いつでもポロポロウンチしちゃうのはなぜ？ 84
Q48 ほお袋の中にウンチが入ってた！大丈夫？ 85
Q49 自分のウンチを食べることがあるってホント？ 86
Q50 おしりから出てきたウンチを投げるのは、攻撃なの？ 87
Q51 トイレの砂で砂浴びしちゃう！汚くないの？ 88
Q52 ケージのすみっこが好きなのはなぜ？ 89
Q53 金網をガジガジかじっているのは不満なの？ 90
Q54 きゅうくつな巣箱が好きなのはどうして？ 91
Q55 巣箱に入らないのは、気に入らないから？ 92
Q56 巣箱の中に巣材を入れるのはどういう理由？ 93
Q57 紙の巣材を細かくちぎっているのは、ストレス発散？ 94
Q58 巣材をくわえてウロウロしているのはなんでなの？ 95
Q59 巣材をかきわけて一生懸命進んでいます 96
Q60 ケージから脱走したがるのは、不満があるの？ 97
Q61 ケージの掃除のあとウロウロしているのは気持ちがいいから？ 98
Q62 ケージを一生懸命ペロペロなめてるけど、どうしたの？ 99
Q63 アロマを焚いたら落ち着かないようす。好きじゃないの？ 100
Q64 巣材に埋もれて寝ているのは、隠れたいの？ 101

Q65 いろんな場所で寝るのは理由があるの？ …… 102
Q66 冬の間はとくによく寝てる気がするけど？ …… 104
Q67 ハムスターが冷たくなって動かない！病気かな？ …… 105
4コママンガ 暮らし編 …… 106
COLUMN ジャンガリアンが冬になると白くなるナゾ …… 108

LESSON 4 行動の意味を探ろう［遊び編］

Q68 何十分も回し車を回しているけど、疲れない？ …… 110
Q69 回し車を回しているとき、急に止まって見回すのはどういう意味？ …… 112
Q70 勢いがついて回し車といっしょにグルグル。目が回らないの？ …… 114
Q71 トンネル遊びが好きなのはなぜ？ …… 115
Q72 ハムスターボールの中で歩き続けるのは、楽しいから？ …… 116
Q73 ケージの天井でうんてい運動しています …… 117
Q74 砂場で仰向けになってジタバタ！何が楽しいの？ …… 118
Q75 床のすみなど掘れない場所を掘ろうとしています …… 119

Q76 毎日、同じ時間にソワソワし始めます …… 120
Q77 散歩中、絶対に通らない場所があるけど、なんでなの？ …… 122
Q78 散歩中、部屋のすみにティッシュなどを集めている理由は？ …… 123
Q79 お散歩する道順が決まっているみたい …… 124
Q80 散歩中、テーブルからダイブ！遊びたいの？ …… 125
Q81 テーブルから落ちても痛がらないのはなぜ？ …… 126
4コママンガ 遊び編 …… 128
COLUMN ハムスターも「後悔」することがある？ …… 130

LESSON 5 行動の意味を探ろう【コミュニケーション編】

Q82 ハムスターの名前を呼んだらくるり。名前を覚えているの？ …… 132
Q83 手の上にいるときは楽しいの？ …… 133
Q84 手の上にいるときウンチするのは何かの仕返し？ …… 134
Q85 上へ上へと腕を登っていくのは、高いところが好きなの？ …… 135
Q86 ギュッとつかんでも、手の隙間から逃げようとします …… 136
Q87 上からつかもうとしたら怒った！いったいなぜ？ …… 137
Q88 お菓子を食べているとジッと見つめてきます。食べたいの？ …… 138
Q89 おなかをさわったら怒った！さわられるのがいや？ …… 139

Q90 私の手をなめるのは、私のことが好きだから？ …… 140
Q91 人をかむのは、攻撃しようとしているの？ …… 141
Q92 すぐかみつくのはハムスターの性格？それとも習性？ …… 142
Q93 首の後ろをつかむとおとなしくなる理由は？ …… 143
Q94 懐いている子が急にかみついてきた！嫌われたの？ …… 144
Q95 大きな音を出したら失神しちゃった！気が弱いの？ …… 146
Q96 ハムスター同士が鼻をくっつけあっているのは何？ …… 147
Q97 仲間のハムスターを乗り越えて歩くけど、迷惑じゃないの？ …… 148
Q98 仲間のハムスターにかみついているのは、じゃれあっているの？ …… 149
Q99 なぜハムスターは集まって寝るの？ …… 150
Q100 集まって寝ているとき外側の子が内側にもぐりこむのは？ …… 151
4コママンガ コミュニケーション編 …… 152
診断 ハムスターからの愛され度診断 …… 154
さくいん …… 158

LESSON 1

表情を読みとろう

Q1
目をパッチリ開けてジーッと見ているのはどんなとき?

ハムゴコロ

あれはなんだろう?

物音がしたときや、気になるにおいがするときなど、ハムスターはその発信源の方向を、目を見開いてジッと見つめます。「あれはなんだ?」と、よく見て判断しようとしているのです。

このとき、対象物に近づくしぐさが見られたら、〝よい意味での注意〟で、興味しんしんな気持ちです。

ちなみに、ハムスターは近眼で、見える範囲は約20㎝程度といわれています。ですから気になるものがあるときは、視力だけでなく嗅覚や聴覚も同時に働かせて観察します。

ハムの格言 ハムの目は心の鏡

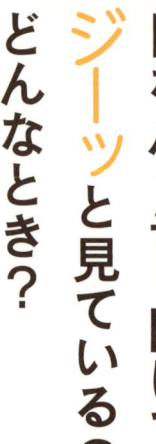

COLUMN

ハムスターの目の色はさまざま

ハムスターの目の色はもともと黒色が基本でしたが、ペット化が進むと体質的に色素の薄いハムスターが増え、濃い紫、ワインレッド、ピンク、赤色などの目をもつ子が現れました。眼球奥の血管が透けて見えることで、黒以外の色になるのです。

ちなみに希少ですが、ハムスターにも片目ずつ色の異なる「オッドアイ」の子が存在します。

こんなハムゴコロも

危険はないかな？

ハムスターがパッチリ目を見開いて観察するのは、危険なものに対する「警戒」の場合もあります。警戒の気持ちのときは、緊張して体を低くしたり、観察したあと、ダダーッと一目散に逃げたりすることも。目の表情だけでは「興味」と「警戒」は見分けづらいので、全身や前後の行動もあわせて観察する必要があります。

Q2 目がショボショボしているのはどんなとき？

ハムゴコロ

ま、まぶしい…

起きたばかりで「まだ眠くて目が開かないよ～」というとき。または暗い部屋で急に電気がついた、巣箱の屋根を外されたなど、「まぶしい！」というとき、目がショボショボします。ハムスターの目は、暗闇でもよく見えるよう光を多くとりこむ性質があるため、人間以上にまぶしさを感じています。

　そのほか、まばたきを頻繁にしている場合は、部屋が乾燥していて目が乾いているのかも。また、目やにが出ていたら、目の病気の可能性もあります。動物病院で診てもらいましょう。

ハムの格言　ハムの目は口ほどにものをいう

COLUMN

ハムスターの目の病気「白《はく》内《ない》障《しょう》」

ハムスターのつぶらな瞳が白く濁る病気をご存知ですか？　それは「白内障」という目の病気で、進行すると失明してしまうことも……。完治することはなく、点眼薬で進行をゆるめることしかできません。原因は、老化や内臓疾患、糖尿病などです。

ただし、ハムスターはもともと視力が弱いため、目が見えなくなっても生活には支障がないといわれています。

こんなハムゴコロも

なんかついてる？

ハムスターのヒゲは、とても敏感。根元には、たくさんの神経が集中していて、まわりを探るセンサーの役割をしています。そんな敏感なヒゲの先にものが当たると、反射的に目を閉じてしまうのです。

ハムスターが目をパッと閉じて、そのあと顔を洗い始めたら、ヒゲについている何かが気になってヒゲのお手入れを始めたのでしょう。

Q3

ウインクしているけど何かの合図？

ハムゴコロ

ゴミが入っちゃった

愛ハムが片目をつぶってかわいくウインク！「私に求愛しているの？」なんて妄想してしまいますが、残念ながらそんな意味はありません。

巣材を掘り返しているときなどに、小さなゴミが目に入ったか、入りそうになったのでしょう。人間は練習しないとウインクできませんが、ハムスターにとってはお手のもの。本来、地中にトンネルを掘って生活しているハムスターは、目に何かが入りそうになったら、すばやく片目だけをつぶることができるのです。

ハムの格言 バチンとウインク、目をガード

Q4 鼻をヒクヒク動かしているのは、いいにおいがするの？

ハムゴコロ

探索中！

ハムスターは視力が弱いかわりに、嗅覚と聴覚が発達しています。とくに鼻は最も敏感。周囲の状況を探ろうとするときには、鼻をヒクヒクさせてにおいを嗅ぎます。

危険な敵、発情中の異性、食べものなど、さまざまなにおいを嗅ぎ分けます。さらに左右どちらの方向からにおいが流れてきているのかを感じとることもできるのです。

おやつをあげようとケージに手を入れると、寝ぼけていても一直線におやつに向かってくるのも納得ですね。

ハムの格言 においは絶対読み間違えない！

Q5 ヒゲをヒクヒク動かしているのは、何があったの？

ハムゴコロ

探索中！

ハムスターが鼻をヒクヒクと動かしてにおいを嗅ぐときは、ヒゲも一緒に動きます。Ｑ４と同じく、周囲の状況を探っているのです。ヒゲがふれた感覚で、トンネルが通りぬけられる大きさかどうかを測ったり、風の吹いている方向を知ることもできるといわれています。口まわりだけでなく、目の上や、体全体にも細かいヒゲ（感覚毛）が生えていて、ハムスターの動きを助けています。そのため、ヒゲを切るのは絶対ＮＧ！　壁にぶつかりやすくなるなど行動に支障が出てしまいます。

ハムの格言　**ヒゲは大事な感覚器官**

Q6 耳をピンと立てているのはどんなとき？

ハムゴコロ

なんだなんだ？

何か気になる音がして注意を向けるとき、耳をピンと立てます。

ハムスターの聴覚はとても発達しています。人間が聞きとることのできる音が2万ヘルツなのに対して、ハムスターは7万ヘルツ。超音波も聞こえる優れた耳をもっています。静かなのに耳をピンと立てているときは、人間には聞こえない超音波を聞いているのかも。

野生では、地中に伝わるかすかな敵の足音をキャッチし、危険を回避。繁殖期や子育て中には、超音波で仲間と情報交換をするといわれています。

ハムの格言　ハムスターの耳は地獄耳

Q7

耳を後ろに向けているのはどんなとき？

ハムゴコロ

怒ったぞ！

耳を反らせるように後ろに向けていたら、警戒中。怖がっていたり、攻撃的な気分になっています。「なんだあいつ？　気に入らないな～。ちょっと怖いかも……。これ以上近寄るなら攻撃してやる！」といったところです。

　耳を後ろに向けて口を開き、後ろ足で立ち上がりながらこちらをジッと見てくるときは、威嚇しています。攻撃的な性格のクロハラハムスターがよくこのポーズをします。こんなときうかつに手を出すと、かまれる可能性が高いので要注意です。

ハムの格言　ハムの気分は耳に聞け！

Q8 耳がペタンと寝ているのはどんなとき？

ハムゴコロ

リラックス〜

耳をペタンと倒しているのは、警戒を解いてリラックスしている状態です。眠っているときや、寝起きなどによく見られます。

　せまいトンネルを通るときなども、耳が当たらないように倒します。夢中になって掘ったりかじったりしているときなどに、耳が倒れていることも。ひとつのことに集中すると、耳の力がぬけてしまうのかもしれませんね。

　また、臆病なハムスターは、怖いときに人間が首をすくめるように、耳が倒れてしまうことがあります。

ハムの格言　耳も脱力、リラックス

Q9 「ジジッ」と鳴くのは なんていっているの？

ハムゴコロ

やめろ！

普段ほとんど鳴かないハムスターが声を出すのは、感情が高ぶっている証拠です。

「ジジッ」と短く鳴くのは、「やめろ！」「こっちくんな！」といった、軽めの威嚇。「怖いな～」「いやだな～」という、相手に対する恐怖や拒否の気持ち、不快感などが込められています。

さわろうとして、ハムスターがこの鳴き声を出したら、怖がっているのでやめましょう。「ジジッ」と威嚇しているところを無理にかまうと、攻撃してくることもあります。

ハムの格言 ジジッと鳴いたら警告サイン

Q10 「キーキー」鳴くのは なんていっているの?

ハムゴコロ

怖い!／やるか?

「キーキー」は、「ジジッ」以上に感情が高ぶっているときの鳴き声。恐怖や痛みでパニックになっている場合と、「やるならやるぞ!」と、警戒しつつ攻撃的な気分で威嚇している場合があります。ハムスター同士でケンカをしてかまれた、飼い主さんの動きや音にびっくりした、などのときに出す声です。

ひっくり返って足をジタバタさせながら「キーキー」と鳴くことも。この場合は、かなりの興奮状態です。かみつかれる可能性が高いので、さわらないようにしましょう。

ハムの格言 本気の威嚇に手出しは無用

Q11

鳴いているように見えるのに、声がしない。大丈夫？

ハムゴコロ

超音波で歌ってるよ

ハムスターは、超音波を使って仲間と交信するといわれています。鳴いているように見えるのに鳴き声が聞こえないときは、人間には聞こえない超音波を発信しているのかもしれません。

近い分類であるマウスの研究によると、発情期のオスは超音波で、一定のメロディーやフレーズのある「求愛の歌」を歌うのだそう。その歌は個体によって違い、近親交配を防ぐためにメスは父親に似た歌を歌うオスを避けることもわかっています。ハムスターのラブソング、聞いてみたいですね！

ハムの格言 超音波でキミに届ける愛の歌

表情
ボディ
行動
行動2
行動3

Q12 歯をガチガチ鳴らすのは寒いから？

ハムゴコロ

気に食わない〜！

これは不満を表す合図。威嚇の意味もあります。かじっているものを取り上げられそうになったとか、部屋の散歩中にケージに帰されそうになったときなど、「なんだよっ！　まだ遊びたいのに〜」という不満を、歯を鳴らすことで表現します。どちらかというと気の強い子がすることが多いようです。

　ハムスターがいたずらをやめないときなどに、人間も同じように歯を鳴らして見せると、利口な子なら「あれ、飼い主ちょっと怒ってる？」と察してくれるかもしれませんね。

ハムの格言　いやなことはいや！　と意思表示

口

Q13 大きな口を開けてあくびするのはなんでなの？

ハムゴコロ

眠い〜

グワーッとあくびをする姿をはじめて見たときは、その口の大きさにびっくりしますよね。

あくびをするのは、寝起きや眠る前。人間と同じで「眠〜い!!」という意味です。ハムスターは夜行性なので、あくびを見られるのは夕方や明け方などが多いでしょう。

ハムスターの睡眠時間は、約14時間。人間の都合であまり何度ものぞきこんだりしていると、睡眠不足になってしまいます。ハムスターの生活リズムを守って遊ぶようにしましょう。

ハムの格言 **眠たいときは豪快に「グワーッ」**

Q14
首をかしげているのは、何か困っているの?

ハムゴコロ

もっとよく見たい!

人間が「?」と首をかしげるのと同じように、ハムスターも首をかしげるときがあります。「ん? あれはなんだろう?」と、気になるものをよく見ようとしているのです。

犬や猫も、同じ理由で首をかしげます。見る角度を変えて視覚や聴覚を働かせ、対象物をよりはっきりと見定めようとするのです。

ただ、いつ見ても首をかしげているという場合は、斜《しゃ》頸《けい》という病気の可能性が考えられます。動物病院で診てもらいましょう。

ハムの格言 いろんな角度でしっかり確認!

ハムの4コマ劇場 顔&鳴き声編

ハムリアン

かわいいハムスターなのに
鳴き声はかわいくない…
ジジジッ
でも、人には聞こえない超音波で
仲間とコンタクトとることもあるらしい
なんか宇宙人ぽいね！
ゾロゾロ
ジジー
ジジー
ジジー
ジジー

芸達者

なんか顔がカバっぽかったり
ん？
カバ
かと思えばおまんじゅうみたいだったり
……
まんじゅう
ユーレイみたいなポーズしたり
ユーレイ
ハムスターって七変化だね
こぶとりじいさん
ひらき
かがみもち

チャートでわかる！

うちの子タイプ診断

うちの子はわがまま？ 甘えん坊？ けっこう小心者かも……。チャートで愛ハムの性格をズバリ診断します。

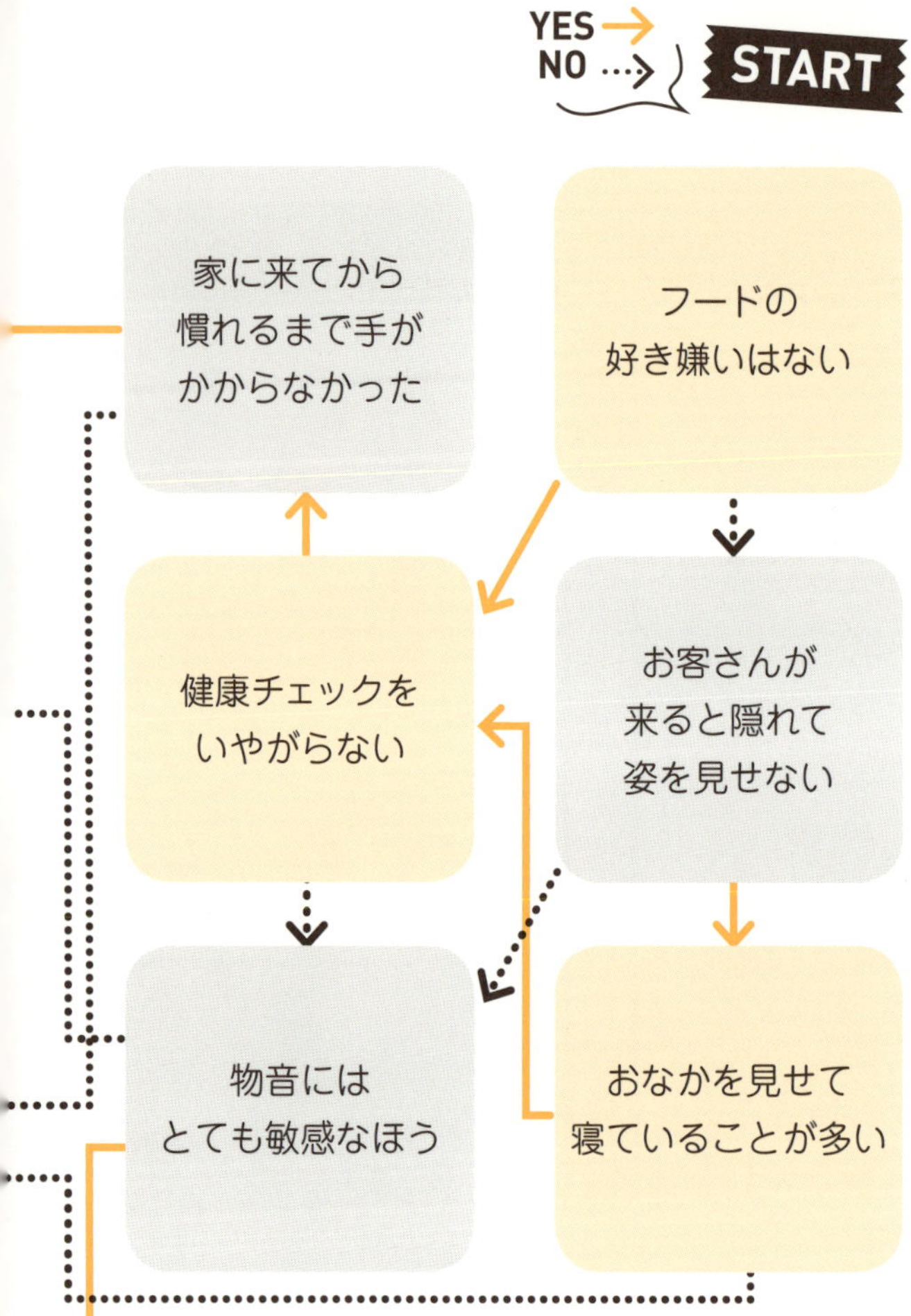
YES
NO
START
フードの好き嫌いはない
お客さんが来ると隠れて姿を見せない
おなかを見せて寝ていることが多い
健康チェックをいやがらない
家に来てから慣れるまで手がかからなかった
物音にはとても敏感なほう

かみつきグセは
ない

オモチャやケージを
壊したことがある

飼い主さんの声に
反応する

新しいオモチャにも
すぐ慣れる

お散歩が終わると
素直にケージに戻る

飼い主さんの
手の上が大好き！

トイレや巣箱などを
ちゃんと
使っている

脱走の常習犯だ

type
A

type
B

type
C

type
D

詳しい結果は次のページ

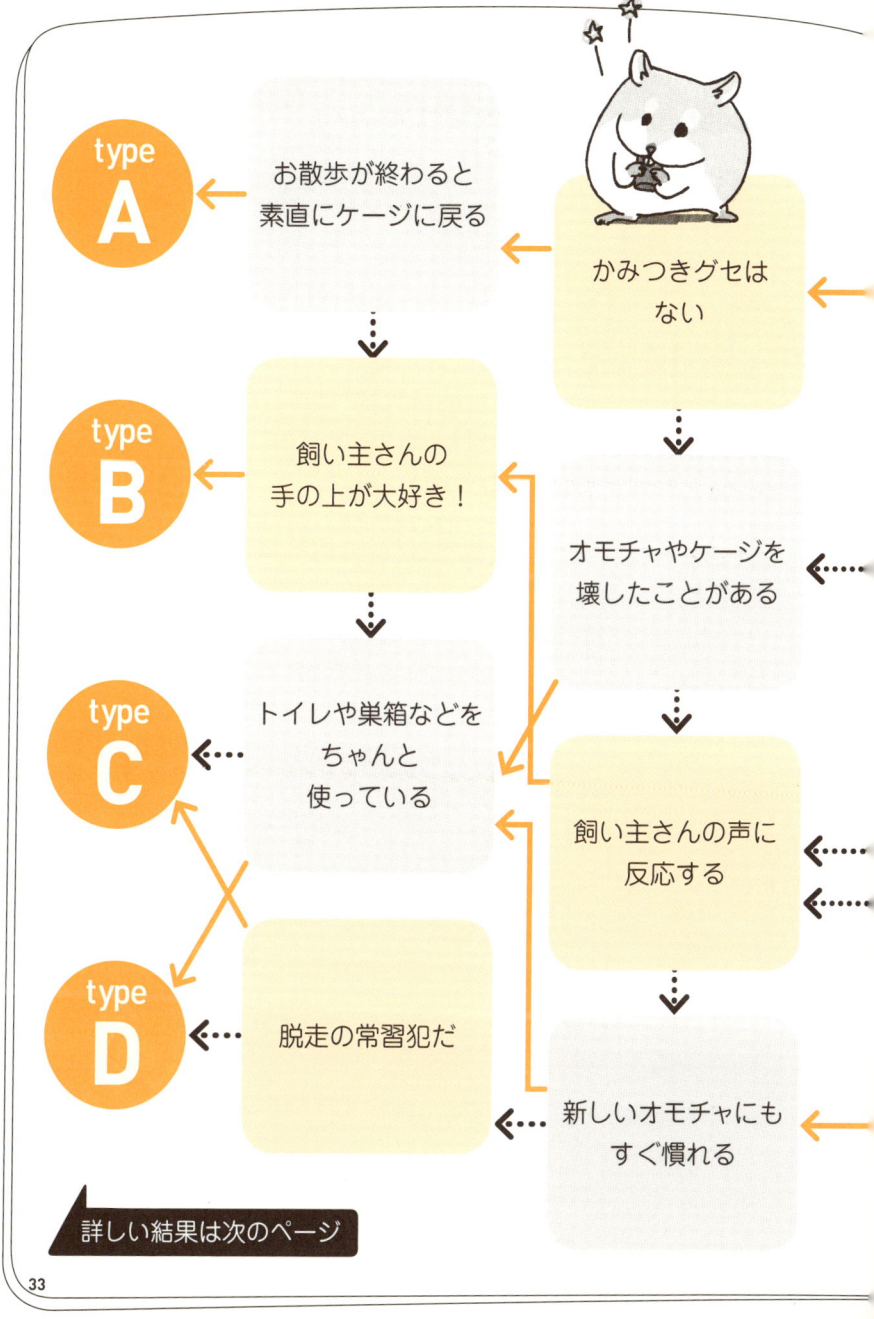

診断結果をチェック！
うちの子はどんなタイプ？

type A

聞き分けよすぎ！
優等生タイプ

ズバリ、こんな性格！

素直な性格で、人を怖がることもなく、手のかからないとってもよい子のハムスター。ケージ内ではトイレや巣箱の使い分けもバッチリ、あなたの「こうして欲しいな♡」を叶えてくれます。ただ、あまりによい子すぎるので、飼い主さん側の要求や期待がエスカレートし、プレッシャーを与えてしまわないよう注意してくださいね。

type B

甘えん坊な
かまってちゃんタイプ

ズバリ、こんな性格！

あなたのことが大好きなゆえ!? いついかなるときでも飼い主さんの注目を集めていたいという思いで行動を起こしてしまう甘えっ子。そんなわが子かわいさに、ついつい多めに好物を与えたり、過保護に接してしまうのは危険信号！ わがままっ子にならないよう、ハムの要求をどこまでOKとするかのボーダーラインは決めておきましょう。

type C

ワイルド気質な
つっぱりタイプ

ズバリ、こんな性格！

まるで青春学園ドラマに出てくる不良のように破天荒な行動で、飼い主さんをハラハラさせるタイプ。もともとの性格かもしれませんが、もしかするとあなたへ向けた「かまって～！」のサインかも!?　言うことを聞かないからといって一方的に叱ると、その態度に拍車がかかり、あなたの手に負えない状態になってしまうこともあるので気をつけて。

type D

いつもビクビク
小心者タイプ

ズバリ、こんな性格！

どんなにささいな音や振動にも敏感！　ハムスターはもともと小心者なので、野生の性質を多く残した子ともいえますが、ストレスが多そうなタイプです。飼い主であるあなたにもどこかビクついた態度をとってしまうかもしれませんが、「怖くないよ、大丈夫だよ」と広い心をもって接し、緊張が徐々にほどけていくのを気長に待ってあげましょう。

COLUMN 1

オスとメスの 性格の違いについて

ハムスターは性別によって多少の性格傾向があるので、ここで少しご紹介します。

オスは、縄張り意識が強いのが特徴。自分の縄張りが落ち着くため、環境の変化に弱く、新しい場所にはストレスを感じやすいというナイーブな一面もあります。しかし、自分の縄張りにほかの個体が入ってきたときは一変！　すぐに相手を攻撃し追い出そうとする男らしい部分も。

メスは、新しい環境に対して寛容で、すぐになじめる傾向が。病気やストレスにもやや強いといわれており、「母は強し」といった印象です。

オスとメスで比較すると、なんとメスのほうが気が強いようです。とくにゴールデンハムスターはメスのほうが体が大きく、強さの差は歴然。もし繁殖を考えているなら、まずはケージ越しにお見合いをさせましょう。いきなり対面させてしまうと、気の強いメスは威嚇を始め、その後ケンカが始まるおそれも。繁殖ははじめの気配りが大切です。

LESSON 2

ボディランゲージを読みとろう

Q15

食べものでほお袋をいっぱいにするのはなぜ？

ハムゴコロ

貯めこんでおかなくちゃ

野生のハムスターの生息地は、砂漠や岩山など、食料の乏しい土地。そのため、食料を見つけたらその場で食べるだけでなく、ほお袋に入れて巣穴に持ち帰り、貯蔵する習性があります。

ほお袋は口の中に左右別々の入口があり、耳の下から肩の付け根あたりまで広がっています。ゴールデンハムスターなら、左右合わせてヒマワリのタネが１００個も入る収納力があるそう！　ペットのハムスターは食料に困らないため、なかにはあまりほお袋を使わない子もいます。

ハムの格言　**ほお袋は便利な収納ポケット**

Q16 片方のほお袋ばかり使っているのはどうして？

ハムゴコロ

クセなんだよね

いつも同じ側のほお袋だけ使うのは、その子のクセだと考えられます。ハムスターにも利き腕があって、出し入れをしやすい側が決まっているのかもしれません。年をとるにつれて、同じほお袋ばかり使うようになる場合もあります。

片側だけ使っていても問題はありませんが、まれにほお袋の中で食べものが腐るなどして炎症を起こし、痛みで使えなくなっている場合もあるので注意。くっつきやすいものや人間のお菓子などは与えないようにしましょう。

ハムの格言 右のほおが使えなければ左のほおを使え

Q17 ほお袋の中身を急に全部出すのは、何があったの？

ハムゴコロ

身軽になって逃げるぞ！

命の危険を感じて、「早く逃げなくちゃ！」と思っています。ハムスターにとって、逃げることが身を守る何よりの手段。少しでも早く逃げるために、ほお袋に貯めこんだえさをすべて出して、身軽になろうとするのです。

　飼い始めたばかりでまだ警戒状態のハムスターをさわったときや、動物病院の診察台などですることがあります。

　命の危険を感じるほどの恐怖は、ハムスターにとって大きなストレス。この行動が見られたら、しばらくはかまわずにそっとしておいて。

ハムの格言 えさより命が大切です

Q18
何も入っていないのにほお袋がパンパン！怒っているの？

ハムゴコロ

俺は強いんだ！

動物はケンカをするとき、姿勢を高くしたり、体の毛をふくらませたりして、自分を大きく見せます。そうすると相手を威嚇することができるのです。ハムスターも威嚇のときは後ろ足だけで立ち上がり、全身の毛を逆立てます。ほお袋の部分は目立つので、ほお袋だけがふくらんでいるように見えるのです。

野生では、スコールで洪水が発生したときにほお袋に空気を入れてふくらませ、浮輪のようにして泳ぐことがあることが知られています。

ハムの格言 怒り爆発でハムも大きくなる

Q19 前足をモミモミしているのは、どういうとき？

ハムゴコロ

きれいにしなきゃね

前足をモミモミとこすりあわせて、もみ手をするようなしぐさ。これは何かをお願いしているわけではなく、毛づくろいを始める前の大事な準備です。

野生のハムスターは地中にトンネルを掘って生活していますから、前足には当然土がついています。そのまま顔をこすったりすれば、かえって汚れてしまいますよね。だからまずは前足をこすりあわせて、土を落とし、きれいになった状態で毛づくろいをするのです。ハムスターはとってもきれい好きなんですね。

ハムの格言 顔を洗う前にまず手洗い！

Q20

前足で顔を洗っているのは汚れているの？

ハムゴコロ

ヒゲのお手入れだよ

顔をくるくると洗うしぐさはとてもかわいいですよね。「でも、そんなに一生懸命洗うほど汚れてないよね？」と思うかもしれませんが、実はこれ、おもにヒゲのお手入れをしているのです。よく見てみると、ヒゲをしごいているのがわかるはず。

　ヒゲは辺りを探るセンサーの役割をする、とても大事な感覚器官です。汚れやゴミがついていたら、感度が落ちてしまいます。だからいつでもよい働きをするよう、清潔に保つためのお手入れを欠かさないのです。

ハムの格言　ヒゲのお手入れはハムのたしなみ

Q21

後ろ足で立ち上がるのは、遠くを見たいから？

ハムゴコロ

遠くのほうまで警戒中！

警戒しているときや、興味をもって何かを見ようとするとき、２本足で立ち上がります。姿勢を高くして、遠くまで見渡し、音を広く拾うためです。さらに鼻をヒクヒクさせてにおいも嗅ぎながら、周囲を確認します。ハムスターの後ろ足の力は強く、しっかりとバランスを保つことができます。

　また、怒っているとき、自分を大きく見せるために、このしぐさをすることもあります。立ち上がった姿勢で、口を開けて歯をむき出して見せてきたら、威嚇しています。

ハムの格言　背伸びをすれば遠くも見える

COLUMN

ハムスターの爪切り

年をとったハムスターは動きが鈍くなるため、爪が自然に削れず、伸びすぎてしまうことがあります。伸びた爪をそのままにしていると歩きづらく、自分の顔や体を傷つけてしまうことも。そのため、爪が伸びていたら切ってあげる必要があります。

ハムスターの爪は小さく、慣れない人が誤って深く切ってしまうと大変です。病院で獣医さんに切ってもらうことをおすすめします。

こんなハムゴコロも

ど、どこだっ？

後ろ足で立ち上がったうえ、さらにキョロキョロと辺りを見回していることも。こんなときは、何か見知らぬ音やにおいを感じて警戒しながらも、その対象がどこにいるのかわからず、焦っています。方向が定まらないため、いろいろな方向を見回すことで、警戒対象を見つけようとしているのです。

Q22

後ろ足でしきりに耳をかいています

ハムゴコロ

耳もきれいにしなきゃね

ハムスターはとてもきれい好き。耳の後ろや耳の中まで、しっかりグルーミングします。そのとき使うのが後ろ足。耳の中までつっこんで耳垢をとります。後ろ足もきちんとなめてお手入れしているので、汚くはありません。

ただ、爪が伸びていると耳をひっかいてしまい、そこが化膿してしまうことも。また、耳垢に細菌が繁殖して外耳炎や内耳炎などの病気になることもあります。かゆがってしきりにかいているようなら、病気の可能性があります。動物病院で診てもらいましょう。

ハムの格言 耳の中まで清潔に

しっぽ

Q23 しっぽがピーンとなるのは、いったい何？

ハムゴコロ

体を伸ばしてるの

伸びをしたときなど、体に力が入ったときにしっぽが立つことがあります。

また、メスの背中をなでると背中を反らせてしっぽをピンと立てるのは、オスが背中に乗りかかったと勘違いしている証拠。交尾のためにオスを受け入れようとしているのです。

ほかに、ハムスターは初対面の相手を調べるとき、おしりのにおいを嗅ごうとしますが、敵意のない相手には「アイツにおしりのにおいを嗅がせてやろう」と、しっぽをピンと立ててじっとすることもあります。

ハムの格言 しっぽピーンで意思表示

Q24

ほふく前進で歩いているのは、どういう意味？

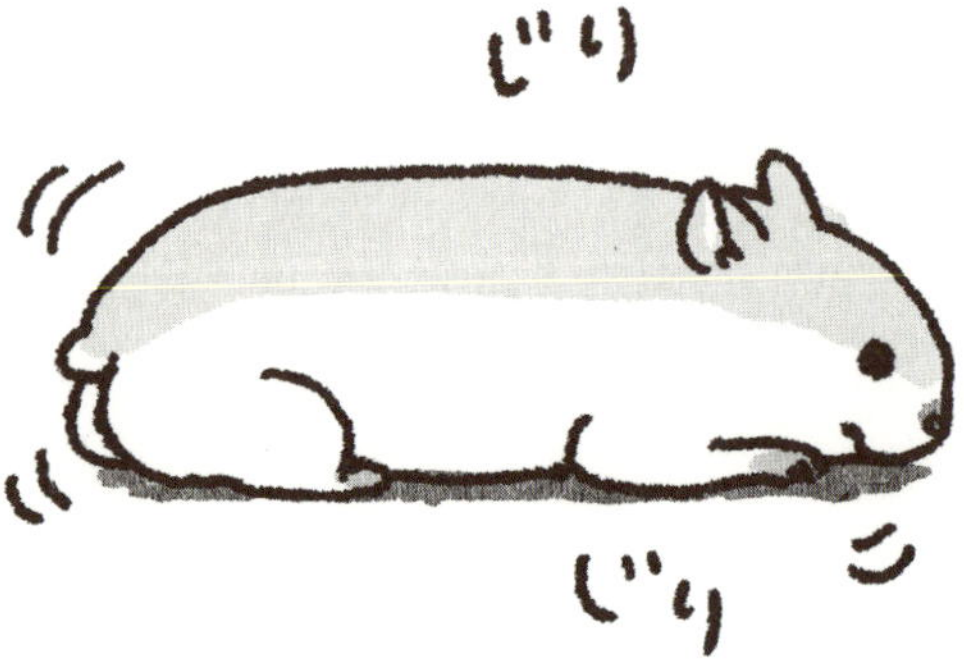

ハムゴコロ

慎重にいかなきゃ

ハムスターはとても用心深い性格。はじめての場所では、警戒状態になります。そろりそろりと一歩一歩慎重に歩きながら、危険がないか、敵が来たら隠れられる場所があるかなどを確認しているのです。

　体を低くするのは、顔が地面に近くなることで、地面のにおいを嗅ぎやすくするため。また、ドワーフハムスターはおなかに臭腺があるので、床におなかをこすりつけることで、自分のにおいをつける意味も。自分のにおいがついた場所は次から安心して歩けます。

ハムの格言　**最初は用心、ほふく前進！**

Q25 目がランランとして猛ダッシュしています

ハムゴコロ

大変だ〜！

何かに驚いたり、恐怖を感じたとき、ハムスターは動きを止めてじっと固まります（Q34参照）。ですが、固まっているだけでは危険を回避できないと判断すると、全速力で逃げ出します。ランランと大きく見開かれた目は、警戒や興奮を表しています。

部屋の散歩中などに急にダッシュしたときは、前述の理由で何かにびっくりして逃げ出したと考えられます。また、とてもおなかが空いていて、焦って食べものを探そうとしている場合もあります（P111参照）。

ハムの格言 最後は全力で逃げるが勝ち！

Q26

おしりを床につけてペタンと座るのはなぜ？

ハムゴコロ

リラックス〜

この座り方は、足の裏が地面についていないので、すぐに逃げ出すことができません。つねに敵を警戒しなくてはならない野生のハムスターなら、こんな座り方はしないはず。ペットならではのくつろぎポーズといえます。おなかの毛づくろい中や、毛づくろいが終わったあとなどに見られます。

　飼い主さんの見えるところでこの座り方をしているなら、あなたを信頼して気を許している証拠。そのままうたた寝を始めても、つついたりしないでそっと見守ってあげてくださいね。

ハムの格言　おしりをつけてリラックス♪

Q27

体を伸ばして寝ているのはリラックスしているの？

ハムゴコロ

暑いよ〜

危険な場所では警戒して体を固くするため、体を伸ばしているのはリラックス状態といえます。ただ、腹ばいでじっとしているなら、暑がっています。

体を丸めていたら、熱が逃げていかないので暑いですよね。人間も暑い日は、体を伸ばしてグテーッと寝転がりますが、それと同じです。暑いときは、温かい巣材の上よりも、ひんやりとしたケージの床の上などに直接体を伸ばして寝ることが増えます。この姿が見られたら、クールボードなどを用意してあげるとよいでしょう。

ハムの格言 暑いときはおなかを冷やそう

Q28

仰向けになっておなかを見せて寝転がっているのは？

ハムゴコロ

あっつ〜！

寝る姿勢は、気温によって変化します。暑いときは、体の熱を発散させるため、丸まらずに体を伸ばします。体を伸ばして仰向けで寝るのは、Q27と同様にやはり暑いときです。

ハムスターの故郷は中近東やロシア、モンゴルなどで、気温が高くなることはあっても湿度は日本より低いため、日本のムシムシした夏はハムスターにとっては酷。ひどいときは熱中症になって命にかかわるので、夏場はエアコンをつけて涼しくしてあげましょう。

ハムの格言　日本の夏は堪えます

COLUMN

ハムスターのお乳の数

人間のお乳は２つですが、ハムスターのメスのおなかを見てみると、縦に２列、ズラリと並んでいます。哺乳類は一度に出産する子どもの数にあわせてお乳の数が決まっており、多産のハムスターのお乳はもちろんたくさん。個体によって配置や数はやや異なり、ゴールデンハムスターは平均で12～17個あるといわれます。これなら赤ちゃんたちはケンカすることなく、安心してお乳が飲めますね！

こんなハムゴコロも

ここには危険なんてないのさ♪

姿勢は気持ちとも比例します。危険な場所では、暑くてもおなかを出して寝るようなことはしません。急所であるおなかをさらけ出して寝るのは、とてもリラックスしている状態です。よく慣れたハムスターは、飼い主さんの手の上で仰向けになって眠ってしまうことも。ここまで信頼してくれると、飼い主冥利に尽きますね。

寝姿

Q29

丸まって寝ているのは、どういう意味？

ハムゴコロ

寒いよ〜

寒いときには体を丸めて寝ます。丸くなることで体の熱を逃がしにくく、呼吸がおなかのほうに当たることで体の湿度も保てるなどの意味があります。子どものハムスターが、丸まって体を寄せあい、お互いの体温で温まっている姿もよく見られます。

ハムスターは急激な温度変化に弱く、寒くなりすぎると疑似冬眠状態になってしまうこともあります（Q67参照）。ハムスターにとって快適な気温は、15〜22℃くらい。ケージに温度計をとりつけて、温度管理を行いましょう。

ハムの格言 寒いときはまん丸になろう

COLUMN

寝姿は気温のバロメーター

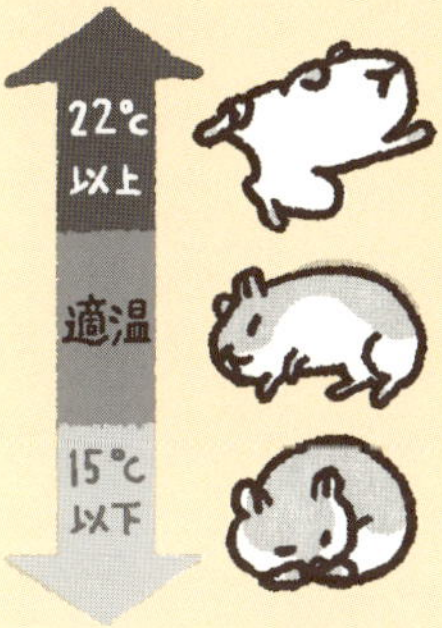

ハムスターの寝姿で、気温がある程度わかります。適温といわれる気温は15～22℃の間。それ以下の場合は寒く感じるため、キュッと体を丸めてお団子のような状態で寝ています。逆に22℃以上は暑いと感じるので、丸まった体はほどけ、伸びた状態で放熱しようとします。これらは平常心のときの目安ですが、温度計と比較して寝姿を観察してみましょう。

こんなハムゴコロも

警戒中…

おなかは急所です。いつもと違う環境などで警戒しているときは、おなかをさらけ出すことなんてできません。眠るときも、丸まって眠ります。寒いときはもちろんのこと、暑くても、体を伸ばすことはしません。不審な物音がしたらすぐに起きて逃げられるよう、浅い睡眠状態でいます。

寝姿

Q30 寝ているときに体がピクピクしているのは病気？

ハムゴコロ

夢を見てるよ

人間は夢を見ているとき、体がピクピクと動きます。ハムスターも、夢を見ているのかもしれません。

睡眠には、体と脳が眠っている深い睡眠（ノンレム睡眠）と、体は眠り脳は起きている浅い睡眠（レム睡眠）があります。夢を見るのはレム睡眠のとき。

ハムスターは1日14時間も眠りますが、いつでも敵に警戒しなければならないため眠りは浅く、1回11分ほどの短い睡眠を繰り返しているといわれています。いつも寝ているように見えても、熟睡することは少ないんですね。

ハムの格言 夢の中でも警戒中…

Q31

寝起きに大きな伸びをしているけどなんでだろう？

ハムゴコロ

目覚ましのストレッチだよ

グーンと体を伸ばして、のびのび〜。これはしっかり目を覚まそうとするストレッチです。長時間眠っていたために凝り固まった体をほぐして、活動を始める準備をしているのです。さらに、睡眠中に不足していた酸素を脳にとりこむための大あくびがセットになることも。人間と同じ寝起きの動作に、思わず笑ってしまいますね。

　前足を上げて伸ばしたり、おしりを下げて下半身も伸ばしたりと、念入りに体を伸ばしたら、顔を洗ってから本格的に活動を始めます。

ハムの格言　準備運動は念入りに

しぐさ

Q32 ひっくり返るとすぐに起き上がれない。不器用なの？

ハムゴコロ

足が短いの…

ひっくり返るとなかなか起き上がれない理由は明白。足が短いからです。

野生のハムスターは地中にトンネルを掘って生活しています。せまいトンネルでは長い足は邪魔。短い足で地面を掘ったり、ちょこちょことすばやく駆け回ったり、器用に食べものを前足で持って食べたり……と、さまざまな動きをこなします。ただ、ひっくり返ったときには足を伸ばして反動を使う必要があるので、短い足では難しいよう。起き上がれなくて困っていたら、手助けしてあげましょう！

ハムの格言 反転するのはひと苦労

しぐさ

Q33 鳴きながらひっくり返り、バタバタと大暴れ。大丈夫？

ハムゴコロ

降参です／やるか？

　ひっくり返っておなかを見せ、「キーキー」と鳴きながら暴れるのは、「怖いよ～。もう降参。でもこれ以上近寄るなら、攻撃するぞ！」という意味です。

　急所であるおなかを見せるのは、「無用なケンカはやめましょう」という、降参の合図。でも唯一の武器である歯（口）もおなか側にあるので、「それでもやる気なら攻撃するよ！」と、いつでもかみつける体勢をとっているのです。「キーキー」と鳴くのは、感情が高ぶっているサインで、威嚇の意味もあります（Q10参照）。

ハムの格言　暴れるハムに近寄るべからず

Q34 何かを見て固まったように動かなくなっちゃった

ハムゴコロ

ボクは石です…！

じっと動きを止めて固まる「フリーズ状態」は、何かに驚いたり、恐怖を感じているサイン。ハムスターを狙う動物は動くものに反応する動体視力が優れているので、とっさに動きを止めることで風景に同化して、敵をやりすごそうとしているのです。

何かを見て固まっているなら、その対象に恐怖を感じているのでしょう。人間にはわからなくても、ほかの動物のにおいなどを感じて警戒している場合もあります。緊張状態なので、さわったりするのはやめましょう。

ハムの格言 これぞハム流「隠《いん》遁《とん》の術」

COLUMN

ハムスターを手乗りにするなら

ケージの中を掃除するにも手を入れなければならないので、手は怖くないものだと覚えてもらうと、お互いのストレスを減らすことができます。えさを使って手に慣らしましょう。はじめはえさを手渡しで与えることから始め、次に手のひらの上にえさを置いて、ハムスターが乗ってくるのを待ちます。

ただし、臆病な性格の子やロボロフスキーハムスターなどは手乗りに慣らすことは難しいので、無理は禁物です。

こんなハムゴコロも

逃げ出せるように準備中

前足を片方上げながら固まっているポーズもよく見られます。「お手」のように見えるこのポーズは、すぐに逃げられるよう準備している状態。何かあったらすぐに前足を出して逃げやすいようにしているのです。じっと固まりつつも耳はピンと立てて、さらに鼻をヒクヒクさせ、目も見開いて辺りのようすを探っています。

しぐさ

Q35

はじめての場所で、体中の手入れを始める理由って？

ハムゴコロ

落ち着かなきゃ

動物はストレスを感じたり緊張したとき、どうしたらいいかわからなくなったときなどに、緊張をやわらげようとして一見意味のない行動をすることがあります。犬が穴掘りを始めたり、猫があくびをするなど。これを「転位行動」といいます。

　毛づくろいは、ハムスターの転位行動のひとつ。はじめての場所は、自分のにおいがなく、どんな危険があるかもわからないので、とても緊張します。「怖いよ～。どうしよう」と、思わず毛づくろいを始めてしまうのです。

ハムの格言　毛づくろいで気持ちも整える

Q36 いつもよりソワソワしておなかのあたりを毛づくろいしています

ハムゴコロ

発情中！

発情期になると、臭腺からの分泌物が増え、臭腺が濡れることがあります。それを気にして毛づくろいをしているのでしょう。また、興奮してソワソワと動き回ることも増えます。

臭腺は、ゴールデンハムスターは左右のわき腹に、ドワーフハムスターはおなかの中央にあります。臭腺から出るにおいを縄張りにこすりつけてマーキングをしたり、性フェロモンを発散させて、異性にアピールします。ちなみにオスは発情期になると、睾丸が腫れたように大きくなります。

ハムの格言 においでアピール、彼女をゲット！

ハムの4コマ劇場 ボディ編

洗顔萌え♡
ハムスターのかわいいしぐさといえば…
ドゥルルルルルル…
ドラムロール
顔を洗う姿!
バン!
カキカキ
初めて見たときは驚愕でした
か…かわいい!!
知らないとソンだよね!!
動画UPしちゃお♡
♪~

誰?
ほお袋に何も入ってないときと
BEFORE
ぱんぱんに入っているとき
AFTER
まるで別ハム…
フッ…
こういうときもある
ん?
なんでそーなるの~

ゆとり世代
ケージを覗きこむと…
何してるかな～ん
すぴーー
すぴー
すぴーー
すぴー
捕食される動物なのに
こんなに無防備でいいのかな……

えす
ハムスターがひっくり返ると
すぐに起き上がれないのを知りつつ
!
わざと手のひらの上で
ひっくり返して
じたばた一生懸命
起き上がろうとするのを
眺めるのが好きな私は
Sでしょうか…
ぐぐ～っ

チェックでわかる！

あなたの「ハム愛」タイプ診断

ハムにとってあなたはどんな飼い主さん？　普段の行動を振り返って、あなたの愛情タイプを診断してみましょう！

A～Dの項目のうち、あてはまるものすべてにチェック！　一番チェックの多いアルファベットがあなたの愛情タイプです。

A

- □ ハムスターを迎えた日は大切な記念日
- □ ハムスターのかわいさに見とれて時間が経ってしまうことが多い
- □ ついついちょっかいを出してハムスターの反応をうかがってしまう
- □ ハムスターが困ったり焦ったりしている姿にキュンとする
- □ 寝ているとさみしくてつい起こしてしまうことがある
- □ 好きだからこそ、いつもふれあっていたいと思う

B

- □ 飼育書よりこれまでの経験をもとにお世話するほうだ
- □ ハムスターがフードをもりもり食べているのを見るととってもうれしい
- □ 回し車を勢いよく回しているのを見るとケガしないか心配になる
- □ ハムスターを呼ぶときは「～ちゃん」か「～くん」だ
- □ ハムスターの成長を思い返すと胸が熱くなり涙もろくなる
- □ 好きだからこそ、お節介すぎるほどの愛情が一番大切だと思う

C

□ 飼育書や心理本などハムスターに関する本は3冊以上持っている

□ 気になることがあると納得がいくまでとことん突き詰める性格だ

□ ハムスターの健康チェックの結果はきちんと記録に残している

□ ほお袋がパンパンにふくらんでいると中身をチェックしたくなる

□ 毎日ほぼ同じ時間にフードをあげたり、お散歩させたりしている

□ 好きだからこそ、飼育には十分な観察が一番大切だと思う

D

□ ハムスターに話しかけるときだけ赤ちゃん言葉になる

□ ありのままのハムスターがかわいいので何をしても怒る気になれない

□ 新しいおやつやグッズを見つけるとすぐ買ってしまう

□ 携帯やスマホにうちの子の写真が100枚以上保存してある

□ うちの子をテーマにブログを書いたり動画をアップしたりしている

□ 好きだからこそ、ハムスターの要求にはなるべく応えてあげたい

詳しい結果は次のページ

※２つ以上のアルファベットが同数一位だった場合は、チェックをつけた項目をもう一度チェックし、よりぴったりくるものに◎をつけていきましょう。◎の数で再度診断をします。

診断結果をチェック！

あなたの愛情タイプは？

＼Aが一番多かったあなたは…／

ラブラブ恋人タイプ

飼いハムに対しては「Ｌｉｋｅ」より断然、「Ｌｏｖｅ」の気持ちが強いあなた。しかし「四六時中一緒にいたい」という思いから、ハムの気持ちを無視して振り回したり、かまいすぎたりしていませんか？　たまには１匹で過ごす時間を確保してあげて、お互い関係にメリハリをつければラブ度もアップ!?

＼Bが一番多かったあなたは…／

世話焼きお母さんタイプ

あなたにとって飼いハムの存在は、かけがえのない「わが子」。「ケガをしないか？」「元気に暮らせているか？」など、あなたが細かいことに気を配ってお世話をしているおかげで、ハムも居心地よく過ごせていることでしょう。ただ、心配性になりすぎて神経質お母さんにならないように気をつけて！

ハムに
メロメロ♥

元気が
一番ね♥

データは
バッチリ♥

おねだり
OK ♥

Cが一番多かったあなたは…

とことん研究者タイプ

ハムスターに関する情報や知識はとことん把握したい研究者気質のあなた。お世話の情報収集はばっちりで問題ないですが、研究魂が抑えきれずに、わざとハムを仰向けにして起き上がるまでの時間を計ってみるなど、オリジナル実験を繰り返していませんか？　ハムの負担にならないよう、ほどほどに。

Dが一番多かったあなたは…

溺愛おばあちゃんタイプ

飼いハムのことに関しては、ついつい甘くなってしまうあなた。ハムにとっても幸せだとは思いますが、「おねだりすれば必ずごはんがもらえる」などと思いこまれないよう注意。なんでも与えるのが真の愛ではないのです。１日のおやつの量を決めるなど、甘やかしすぎないようにしましょう。

COLUMN 2

ハムスターの 毛柄あれこれ

ペットとして飼われる以前の野生のハムスターは、外敵から身を守るために土の色に近い茶色一色の毛柄のものしかいませんでした。突然変異で真っ白や真っ黒なハムスターが生まれることがあっても、自然界では大変目立つ存在。敵から見つかりやすく、すぐに捕食されてしまうため、生き残るのはとても困難。そのため、同じような柄の子孫を残すことは難しかったのです。

しかし、ペットとして人に飼われるようになってからは、そのような毛柄のハムスターも襲われることなく、生き残ることができるようになりました。やがて白や黒の遺伝子をもったハムスターたちの交配が進むにつれて、部分的に白い毛の子、淡い茶色、ブルー（グレー）など、さまざまな色や模様の子たちが生まれるようになったのです。

さまざまなカラーのあるハムスター。その背景にはこんな歴史があったなんて、ちょっとおもしろいですよね。

LESSON 3

行動の意味を探ろう
［暮らし編］

Q37 昼間は寝ていて、夜になると元気になります

ハムゴコロ

夜行性なんだ

人間は昼間活動し、夜に眠りますが、ハムスターは正反対の夜行性です。

野生のハムスターは、昼間は巣穴で眠り、夕方に起きて、夜になると食料を求めて活動を開始します。行動範囲は広く、夜じゅう数十キロも走り回って食料を探すのだそう。朝になれば巣穴に戻り、また夕方まで眠ります。

そのため昼間にむりやり起こして遊んだりすると、ハムスターのストレスになり、生活サイクルを乱してしまいます。ケージ掃除などのお世話も、夕方以降にしましょう。

ハムの格言 夜がボクらの活動時間

ごはん

Q38

硬いものをかじりたがるけど、歯は大丈夫？

ハムゴコロ

歯のためにかじるんだよ

野生のハムスターは、硬い実をよく食べます。硬い殻をかじると歯が削られてしまうので、前歯は長く、一生伸び続けるようにできています。硬いものをたくさん食べて歯が削られても、また伸びてくるので大丈夫！　というわけです。個体差はありますが、1年で約12ミリも伸びるといわれています。

ですから、硬いものをかじるのは歯の健康を保つために必要なこと。やわらかいえさばかりだと歯が伸びすぎてしまい、定期的に歯を切るなどの治療が必要になります。

ハムの格言　おいしく食べて歯を健康に！

Q39 同じものを毎日食べていて飽きないの？

ハムゴコロ

食べられるだけで幸せ♪

自然界では、毎日えさを見つけて食べられるだけでラッキー。「これ飽きたからほかのもの食べたい」なんてぜいたくなことは言っていられません。だから、毎日同じペレットでもハムスターは飽きることはありません。

　とはいえ、本能的に腐ったものなどは見分けられますし、味覚はあるので、おいしいものはわかります。味の濃いものや甘い果物などをいつも与えていると、それしか食べなくなってしまうことも。栄養バランスのよい食事を心がけましょう。

ハムの格言 満腹は至上の幸福

Q40 えさをくるくる回しながら食べるのはなぜ？

ハムゴコロ

どこからかじろう？

かじりやすい場所を探しています。硬い実や種子を食べるとき、殻をむきやすいところを探す習性からきています。くるくると回しながら、歯が引っかかるところを探り当て、歯を入れてカリッと殻を割るのです。これはネズミやリス全般に共通する行動です。

この行動は習慣のようになっているので、実や種子でなくても、似たような硬いもの（ペレットなど）を食べるときにも回します。やわらかいえさや、大きめの野菜は、回さずにそのまま食べます。

ハムの格言 割りやすい場所を発見せよ！

Q41

「もっとくれ！」と「いらない」の日があるのは？

ハムゴコロ

おいしいものだけちょうだい

ハムスターが喜ぶからと、甘い果物や野菜、おやつなどを与えすぎてはいませんか？

もともとハムスターは、食料の乏しい土地に暮らす動物。そのため、見つけた食料はほお袋に入れて持ち運び、巣穴に貯蔵する習性があります。つまり、おなかいっぱいでも欲しがるのが本来の姿なのです。それが「いらない」とそっぽを向くのは、おいしいものだけを選り好みし始めているサインかもしれません。主食のペレットをきちんと食べさせるようにしましょう。

ハムの格言 おいしいものはクセになる

こんなハムゴコロも

季節で変化するの

野生のハムスターは、冬に冬眠します。食料が豊富な秋に食料を巣穴に貯蔵し、冬は巣穴から出ず貯めこんだ食料を少しずつ食べて春を待ちます。その習性から、ペットのハムスターも秋には食欲旺盛になり、冬は食欲が落ちることがあります。秋冬の食欲の増減は、自然なことである場合もあるのです。

こんなハムゴコロも

体調不良です…

食欲低下は、肝臓病や腎不全、心不全といった病気のサインである場合もあります。ハムスターは肉食動物からつねに狙われている被捕食動物なので、弱っていることを敵に悟られまいと、ギリギリまで体調不良を隠します。好物でも食いつかないなどの場合は、すぐに動物病院で診てもらいましょう。

Q42 食事が終わると前足をペロペロなめています

ハムゴコロ

においをとらなきゃ

前足についたえさのにおいをとっているのでしょう。ハムスターはきれい好きですし、においに敏感なので、ついたにおいはなめてきれいにします。

また、食事のあとに前足で毛づくろいを始めることもよくありますが、毛づくろいの前には、顔や体に汚れがつかないよう、前足をなめます。

さらに前足だけでなく、後ろ足をなめることも。両前足で器用に後ろ足を持ってなめる姿は、まるでヨガのポーズのよう！　くつろいでいるときや安心しているときによく見られます。

ハムの格言 いつでも清潔第一です

ごはん

Q43 ケージのすみにえさを埋めるのは、隠そうとしているの？

そこを食料置き場と決めているのでしょう。野生のハムスターは地中に巣穴を掘って生活していますが、巣穴には寝床、トイレ、食料貯蔵室など、用途別の部屋があります。それと同じように、ケージの中でも寝場所やオシッコをする場所、食べものを貯める場所を決めて使う子が多いのです。

食べものを貯めこむのは本能なので、放っておいてかまいませんが、埋めたことを忘れてしまう子もいます。放置されて腐ると不衛生なので、定期的に掃除をしてください。

ハムゴコロ

ここに貯めておこうっと

ハムの格言 食料貯蔵は大事なお仕事

Q44

用意した水があまり減ってない。ちゃんと飲んでる？

ハムゴコロ

少しだけで足りるんだ

もともと乾燥した土地で暮らしていたハムスターは、多くの水を必要としません。水分の多い野菜などをたくさん与えていると、水をあまり飲まないことがあります。

だからといって、水を用意しなくていいというわけではありません。水分をとれなくなれば衰弱してしまいます。

ほかに、給水ボトルが壊れて、水が飲めなくなっている可能性もあります。「水が減っていないな」と思ったら、給水ボトルの飲み口を指で押して、きちんと水が出るか確認を。

ハムの格言 水は命の源

トイレ

Q45 オシッコ前、したあと、砂かきする理由は？

ハムゴコロ

安全確認／俺の縄張りだ！

オシッコの前に砂をかくのは、安全確認のためです。ハムスターはオシッコをする場所のにおいを嗅いだあと、さらによく確かめようと、ホリホリと地面をかくのです。

またオシッコは、自分の縄張りを示すマーキングの役割をもっています。縄張り意識の強い子は、排せつ後、その場の砂をかいて、オシッコのついた砂を一帯にまき散らします。そうすることで、自分のにおいを拡散し「ここは俺の縄張りだぞ〜」と主張しているとも考えられます。

ハムの格言 オシッコで自己主張

Q46

トイレじゃない場所にオシッコするのは、いやがらせ？

ハムゴコロ

ここが私のトイレです

ハムスターは巣穴の中の決まった場所でオシッコをする習性がありますが、人間が決めたトイレを使ってくれるとは限りません。いつも決まった場所にしているなら、そこがその子の決めたトイレなのです。その場所にトイレ容器を設置しましょう。

ケージ内で複数の場所にするなら、ケージを巣穴ではなく野外と思っている可能性があります。ただし、トイレの場所を決めないずぼらさんもいます。どうしても覚えなければあきらめましょう。

ハムの格言 トイレの場所は自分で決める！

こんなハムゴコロも

不安だよ～

何か不安なことがあってストレスを感じると、いろいろなところでオシッコをすることがあります。自分のにおいであちこちにマーキングして、不安をやわらげようとするのです。新しいハムスターを迎えた、近所で工事が始まり毎日大きな音がするなど、ストレスの原因に応じて不安を減らす対処をしてあげましょう。

こんなハムゴコロも

お外は怖いの…

巣箱の中でオシッコをしてしまう子もいます。本来、寝床となる場所は汚さないものですが、まだ環境に慣れていなくて外に出るのが怖い子は、巣箱でしてしまうことがあるのです。しばらくは見守って、慣れるのを待ちましょう。またはその巣箱をトイレとして認め、別に巣箱を設置してもよいでしょう。

Q47

いつでもポロポロウンチしちゃうのはなぜ？

ハムゴコロ

気にならないんだよね

オシッコは一か所でするのに、ウンチはどこでもポロポロ……。巣箱の中やフード入れの中でもしてしまうので、掃除が大変！　できればトイレでしてほしいと思ってしまいますよね。

でも、野生のハムスターもウンチをする場所は決めていないよう。ウンチはオシッコと違い、乾燥していて、ほとんどにおいません。巣穴を汚す心配もないからか、気にせずどこででもしてしまいます。

緊張したときポロッと出てしまうこともありますが、それもご愛敬です。

ハムの格言　ウンチは自然に任せよう

トイレ

Q48

ほお袋の中にウンチが入ってた！大丈夫？

ハムゴコロ

なんとなく…

ハムスターは食料や巣材など、色々なものをほお袋に入れて運びます。ときには食料と間違えてウンチを入れてしまったり、巣材などと一緒に入れてしまうこともあるのかも。

ほお袋に入れられる食料があまりないときに、「とりあえずウンチでも入れておこう」という、貯蔵本能の強い子もいるかもしれません。

同じケージで多頭飼いをしている場合、ほかのハムスターのウンチに自分のにおいをつけようとして、口に入れることも考えられます。

ハムの格言 ほお袋は四次元ポケット

Q49 自分のウンチを食べることがあるってホント？

ハムゴコロ

栄養をとるため…かも

一説によると、ハムスターは食べものの中の食物繊維を盲腸で炭水化物に分解して、ウンチとして排出するといいます。そのウンチを食べることで、栄養を再吸収しているのだとか。栄養を摂取するために自分のウンチを食べることを〝食糞行動〟といい、うさぎなどに見られます。

ただ、ハムスターについては栄養摂取のためなのかどうかははっきりせず、解明されていません。栄養バランスのとれたえさをあげていれば、食糞していなくても問題はありません。

ハムの格言 ウンチを食べたいときもある!?

表情
ボディ
行動
行動2
行動3

Q50 おしりから出てきたウンチを投げるのは、攻撃なの？

ハムゴコロ

ついでに投げただけ〜

体を折り曲げて、肛門から出てきたウンチを器用に口にくわえ、ポイッ！と投げるハムスター。まるでウンチ爆弾ですが、これは攻撃ではありません。座った姿勢で毛づくろいをしていたときなどに、たまたま目の前にウンチが出てきちゃったので「ついでに」ポイッと投げただけなのでしょう。

　また、この行動はメスに多く、出産間際や子育て中によく見られるため、「身のまわりをとくに清潔にしておきたい」という気持ちの表れなのかもしれません。

ハムの格言 ウンチが邪魔なときもある

Q51

トイレの砂で砂浴びしちゃう！汚くないの？

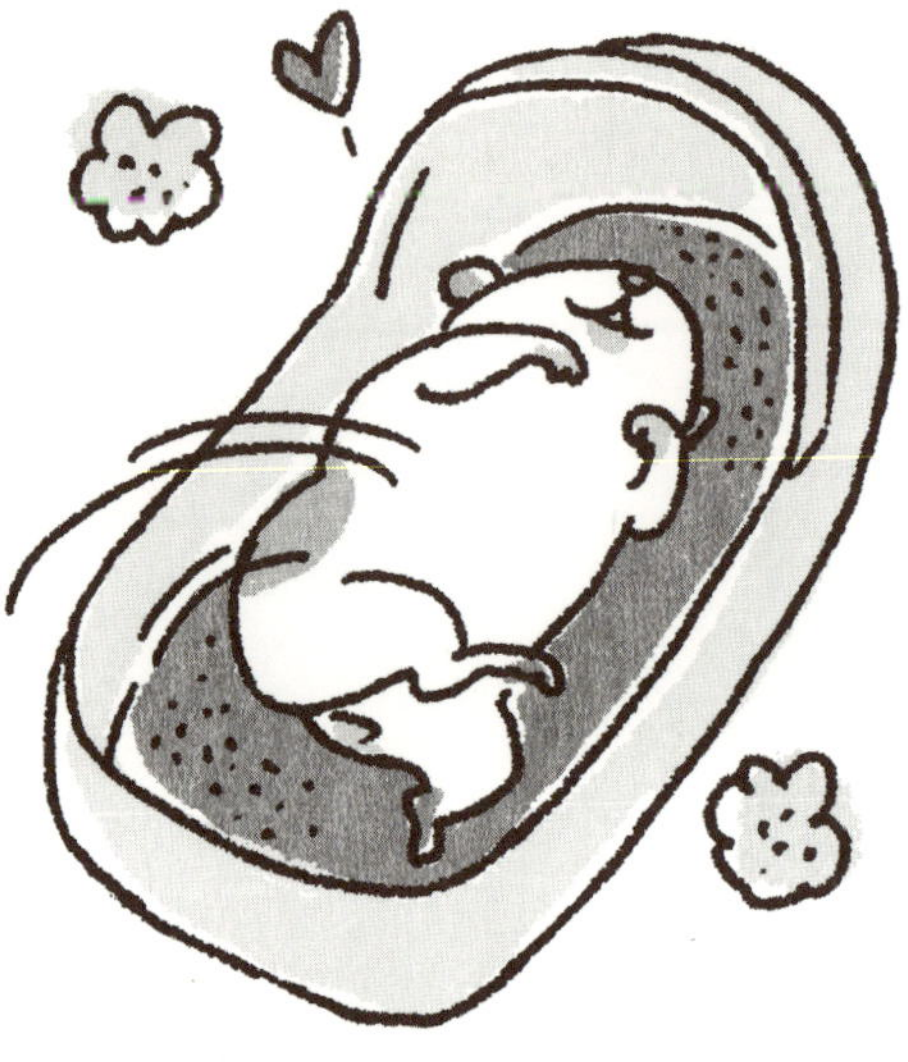

ハムゴコロ

砂場ならどこでもいいのさ

ハムスターは砂浴びをする習性があります（Q74参照）。砂浴び用として専用の砂や容器も売られていますが、ハムスターには違いなどわからないのでしょう。砂浴び場をちゃんとつくってあるのに、そちらを使わずわざわざトイレで砂浴びをする子もいます。

こればかりは、ハムスターの好みですから、やめさせるのは難しいもの。気に入って使っているようなら、トイレを別に設置してみて。反対に、砂浴び場をトイレとして使う子もいますが、これもやめさせることは難しいです。

ハムの格言　**砂浴びにルールなし！**

Q52 ケージのすみっこが好きなのはなぜ？

ハムゴコロ

落ち着くなあ〜

自然界ではいつも敵に狙われているハムスターは、基本的に警戒心が強い性格。すみっこは後ろに壁があるので、少なくとも背後から急に襲われる心配はありません。その安心感から、すみっこを好むのです。いつ見てもすみにいるような子は、とくに警戒心が強い性格といえそうです。

反対に、ケージのど真ん中でおなかを出して寝ているような、警戒心ゼロの子もいます。野生では生きていけないかもしれませんが、ペットならではの幸せな姿ですよね。

ハムの格言 すみっこは安全地帯

Q53 金網をガジガジかじっているのは不満なの?

ハムゴコロ

こうするといいことがあるんだ

ケージをかじったら、「出たいのかな?」と思って扉を開けてあげたり、「おなか空いたの?」と、おやつをあげたり。そんな飼い主さんの対応が、ケージかじりを繰り返す原因になっていることがあります。「かじればいいことがある!」と覚えて、クセになってしまうのです。

まずは、そうした〝ごほうび〟をやめること。そして金網製のケージではなく、かじれない水槽型のケージに変えましょう。かじり続けると、不《ふ》正《せい》咬《こう》合《ごう》などトラブルの原因にもなります。

ハムの格言 かじりハムを、甘やかすな!

Q54 きゅうくつな巣箱が好きなのはどうして？

ハムゴコロ

せまいと安心～

野生のハムスターは、地中に巣穴をつくって生活します。そのときのなごりで、せまくて暗い巣箱を好むのです。

せまいトンネルが好きなのも、同じように本能的なもの。広すぎる場所では敵から丸見えになってしまいますし、追いかけられたらすぐにつかまってしまうでしょう。でも自分がギリギリ通りぬけられるくらいのトンネルなら、大きな敵は入ってこられず、安全です。

この本能から、部屋の散歩中にちょっとした隙間に入りこんでしまうことも。隙間はふさいでから放しましょう。

ハムの格言 きゅうくつなほど安心できる

Q55

巣箱に入らないのは、気に入らないから？

ハムゴコロ

なんか落ち着かない…

落ち着けなかったり、快適に過ごせない巣箱だと、ハムスターは使ってくれません。

　例えば、置き場所。理想は人間から見られる側から遠い、奥側のすみっこです。手前側だと、しょっちゅうのぞかれるので落ち着かなくなります。また、サイズも問題です。大きすぎる巣箱だと落ち着きません。

　暑い、寒いといった理由で、別の場所で寝ることもあります。季節によって異なる材質の巣箱を使ってみるのも一案です。

ハムの格言　安全快適な巣箱で寝たい

表情
ボディ
行動
行動2
行動3

Q56 巣箱の中に巣材を入れるのはどういう理由？

ハムゴコロ

安心〜／温かくしなきゃね

巣箱をより安心で落ち着ける場所にするために、その子なりのこだわりをもってやっているのでしょう。新しく用意された巣材より、自分のにおいがついた古い巣材を使うことで、安心できるのかもしれません。

また、寒いときには人間が厚いふとんを使うように、いつもより巣材を多く入れようとすることが。野生でも、巣穴に葉っぱを敷きつめる習性があります。冬眠の習性もあるので、寒いと感じると冬眠に備えるために、巣穴に食料や巣材を蓄えようとします。

ハムの格言　ふかふかふとんで毎日快眠

Q57

紙の巣材を細かくちぎっているのは、ストレス発散？

ハムゴコロ

使いやすくしようっと

紙製の巣材を使っている場合、前足と歯でちぎる行動がよく見られます。ちぎって使いやすい大きさにしたり、口に入れることで唾液をつけ、自分のにおいをつけるといった意味があります。もともと、かむことはハムスターの本能的な行動なので、遊び感覚もあるのでしょう。

ただし、かじりながら巣材を食べてしまう子もいます。ワタなどの巣材は、食べてしまうと胃腸に詰まらせる危険があるので、使わないようにしてください。

ハムの格言 床材はかじってカスタム！

Q58

巣材をくわえてウロウロしているのはなんでなの？

ハムゴコロ

おうちを整えなきゃ

新しく巣材を追加したときや、ケージの掃除をしたあとなどに、巣材をくわえてしばらくウロウロと動き回る姿がよく見られます。

ハムスターは、意外にこだわり屋さん。自分の巣穴を居心地のいい空間にしようと、巣材をくわえて自分の好きな場所に運び、巣穴を一生懸命整えているのです。

「私がせっかくきれいに整えてあげたのに〜」と思うかもしれませんが、おうちの中の巣材の配置はハムスターに任せてあげてくださいね。

ハムの格言 おうちの中にも、こだわりあり！

Q59

巣材をかきわけて一生懸命進んでいます

ハムゴコロ

逃げろ〜

ハムスターにとって一番安全な逃げ場所は、地中。そのため危険を感じると、本能的に土を掘って逃げ出そうとします。巣材を一生懸命かいているのは、何か危険を感じて、「逃げなくちゃ！隠れなくちゃ！」と焦っているのかも。フローリングや手の上など掘れない場所でも、危険を感じると掘るしぐさをすることがあります。

ほかに、暑いから、または寒いからという理由も考えられます。土の中は地上よりも夏は涼しく、冬は暖かいためです。

ハムの格言 ホリホリもぐって危険を回避！

Q60 ケージから脱走したがるのは、不満があるの？

ハムゴコロ

パトロールしたい～！

部屋の散歩を日課にしている子は、散歩中に部屋のあちこちに自分のにおいをマーキングして、縄張りの印をつけます。ケージから脱走したがるのは、その縄張りをパトロールしに行きたいから。「においはちゃんとついている？　縄張りを荒らされたりしていない？」と、気になっているのです。

一通り部屋の点検が終われば満足して、たいていは自分でケージのある場所に戻ります。とはいえ、脱走による不慮の事故を防ぐためにも、ケージには脱走防止対策をしておきましょう。

ハムの格言　縄張り点検は毎日の日課

Q61

ケージの掃除のあとウロウロしているのは気持ちがいいから？

ハムゴコロ

不安だなあ…

自分のにおいが消えてしまって、戸惑っているのかもしれません。動物は自分のにおいがまったくない場所では落ち着けず、不安を感じてしまいます。

掃除をしないと、貯めこんだえさに寄生虫がわいたり、細菌の繁殖などでハムスターの健康を損ねてしまうおそれがあります。そのためケージをこまめに掃除することは大切ですが、きれいにしすぎてにおいが完全に消えてしまうと、ストレスの原因に。掃除のあと、においのついた巣材やトイレ砂を少量戻してあげましょう。

ハムの格言 においは精神安定剤

表情
ボディ
行動
行動2
行動3

Q62

ケージを一生懸命ペロペロなめてるけど、どうしたの？

ハムゴコロ

この味はなんだろう？

「おいしい～」と思っているかどうかはわかりませんが、えさとは違う味を楽しんでいるのかもしれません。塩分や鉄分など、普段味わえない異質な味に反応してなめているのでしょう。

野生では石をなめる動物は多く、理由は不足したミネラルを補給するためといわれています。野生のハムスターも、ミネラルをとる目的で土や石をなめることがあります。人間の手をなめてくるのも、ミネラル補給のためという説も。同じ理由から自分のオシッコをなめる子もいるようです。

ハムの格言 ケージは通の味がする？

Q63 アロマを炊いたら落ち着かないようす。好きじゃないの？

ハムゴコロ

きっつ〜

ハムスターの嗅覚はとても発達しているため、香水やアロマオイルなどの強いにおいは刺激が強すぎて苦手です。タバコは、においはもちろんのこと健康にも害がありますし、焼肉など料理の煙のにおいも苦手です。

ハムスターはにおいで相手を判断しているため、飼い主さんがいつもと違うにおいだと警戒されてしまうことも。また、自分のにおいを消されたり、別のにおいをつけられるとストレスになります。消臭剤や芳香剤でケージのにおいを消してしまうのはNGです。

ハムの格言　アロマはハムの鼻を狂わす

表情
ボディ
行動
行動2
行動3

Q64 巣材に埋もれて寝ているのは、隠れたいの？

ハムゴコロ

ちょっと寒いかも

とくに怖がったりしているようすがなく、のんびり巣材に埋もれて寝ているなら、そこが寝心地のよい場所だったのでしょう。巣材に埋もれれば温かいので、少し寒いと感じて暖をとろうとしているのかもしれませんね。

　巣材は、ハムスターが全身すっぽりもぐれる量が適量です。少なすぎると歩きづらくなります。年をとってきたら、さらに巣材の量を増やすようにして。足腰が不自由になってくると、巣箱やトイレの段差をまたぎにくくなるため、巣材で底上げをしましょう。

ハムの格言　もぐって安心、巣材ふとん

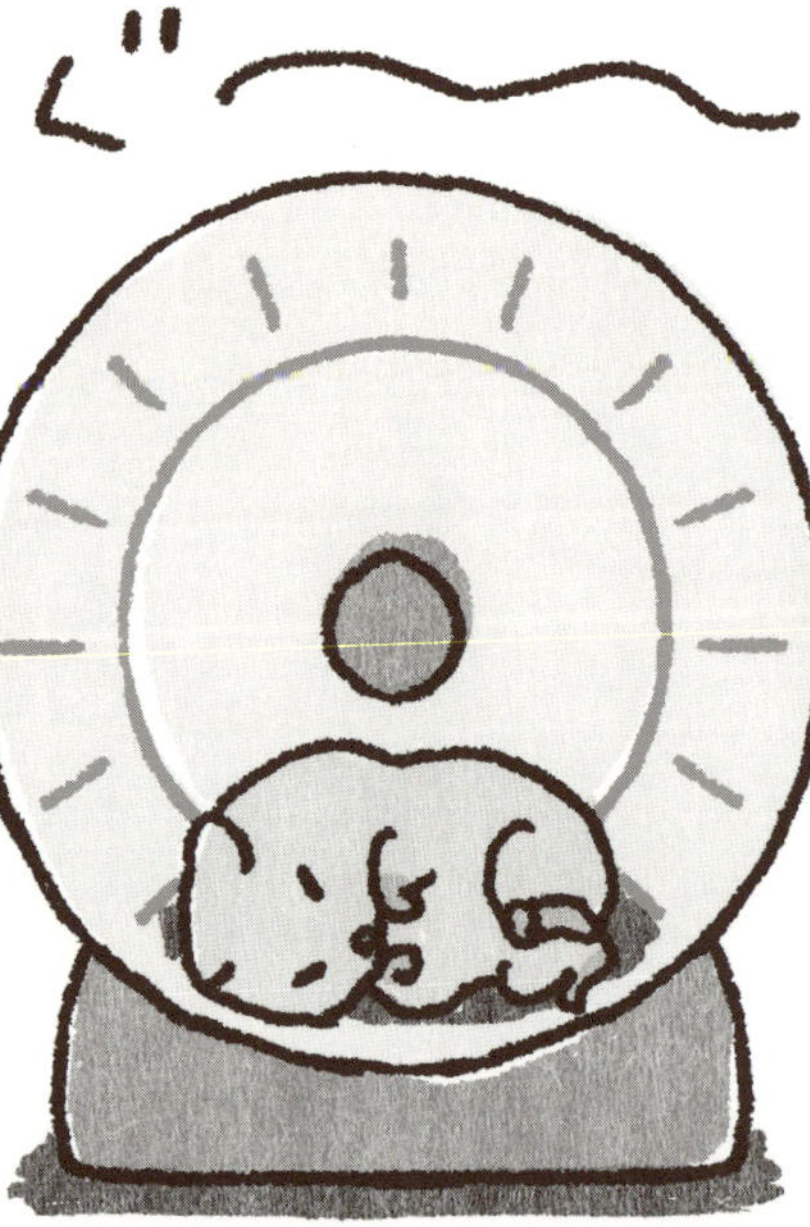

Q65 いろんな場所で寝るのは理由があるの？

ハムゴコロ

そのときの気分だよ

ハムスターは、そのときどきで最も快適な場所を寝場所にします。

快適さの基準はまず、温度や湿度。暑いときは、トイレ砂の上やプラスチックの回し車の上で。寒いときは、ケージのすみっこで巣材に埋もれて寝る……など。

ほかにも、巣箱の中が汚れている、巣箱の大きさがあっていなくて気に入らない、などの理由で、巣箱以外で寝ていることも。その子の好みにあわせ、巣箱が快適なものになるよう、工夫してあげてくださいね。

ハムの格言 快適な寝場所をトコトン追求

COLUMN

ハムスターの暑さ・寒さ対策

真夏も真冬も、エアコンで室温調整をするのが一番ですが、そのほかにも下記のような対策があります。

夏はアルミ製のひんやりとした巣箱やクールボードを準備。水や野菜は腐りやすいのでこまめに換えてあげて。冬は巣材を多めに入れ、ケージ下の一部にはペットヒーターを敷いて温めてあげるといいでしょう。夜は毛布や断熱シートなどでケージを覆い、熱を逃がしにくくする対策を。

こんなハムゴコロも

自分のにおいがして落ち着く〜

トイレで寝てしまうのは、暑いからひんやりした砂を好むという理由がまず考えられます。それから、トイレは自分のにおいが強くついているので安心するという意味も。とくにお迎えしたばかりでまだ慣れていないハムスターや、子ハムにその傾向が見られます。ちょっと汚いと思うかもしれませんが、慣れるまでは見守って。

Q66

冬の間はとくによく寝てる気がするけど？

ハムゴコロ

冬はなんだか眠くなるの

冬は気温が下がり体力を消耗するのに加え、野生では食料を得るのも難しくなる季節。そのため、野生のハムスターは冬になると冬眠します。巣穴の中で動かずに体温を低下させることで、エネルギーの消費を抑えるのです。

ペットのハムスターも、冬になると体力を温存しようとする本能が働き、よく眠るようになります。急に冷えこむと、冬眠状態になってしまうこともあるので注意が必要（Q67参照）。部屋の温度が下がりすぎないよう心がけましょう。

ハムの格言　いっぱい眠って体力温存

Q67

ハムスターが冷たくなって動かない！病気かな？

ハムゴコロ

冬眠しちゃったかも

体温が下がって冷たくなっていても、かすかに呼吸が認められるなら、冬眠状態に入っていると思われます。手のひらで包んだりフトコロに入れて温め、すぐ動物病院へ。

えさが少ない、日照時間が短い、室温が10℃以下、といった条件がそろうと、ハムスターは冬眠してしまいます。冬眠するとうまく目覚めることが難しく、最悪の場合は死に至ることも。冬眠させないよう、えさを切らさず、昼間は明るい部屋にケージを置いて、室温15℃以上をキープしてください。

ハムの格言　飼いハムに冬眠はさせるべからず

ハムの4コマ劇場 暮らし編

そういう気分
ほお袋いっぱいに食べ物を詰めて
そのうちの1つを出して
「コレじゃない」というふうにしまって
ぐぐっ
別のエサを出して食べてるけど、
同じじゃん
コレだぬ
コレ
一体どんな基準…？

天の恵み
エサをあげると、
よろこんで食べるハムちゃん。
わーいごはんー♡
私があげているとわかっているのか、
それとも…
「天からごはんがやってきたー♡」と思っているのか…
パァァ……

シェアするよ

ごはんを作るときは
ストトト
トトト
～♪
必ず野菜を小さくカット
♪～
はい!!
ハムちゃん♡
いただきまーーす!
あーん
あーん

気にしない

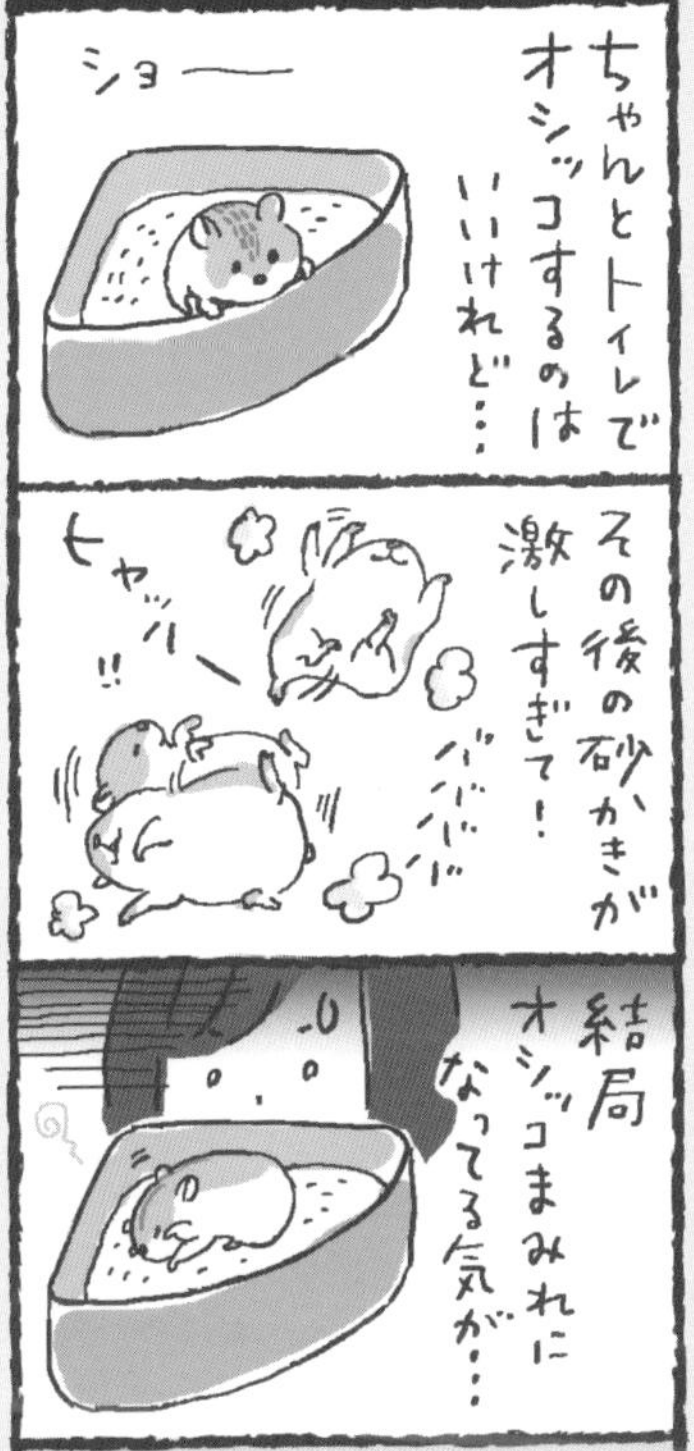
ちゃんとトイレでオシッコするのはいいけれど…
ショーー
その後の砂かきが激しすぎて!
ヒャッハー!!
ババババ
結局オシッコまみれになってる気が…
きれい好きなのか、そうでないのか、
フー…
～♪
ゼミョ～

COLUMN 3

ジャンガリアンが
冬になると白くなるナゾ

ドワーフハムスターの中でも懐きやすいことで人気の高いジャンガリアンハムスターには、冬になると毛色が真っ白に生え換わる個体がいることをご存じですか？　そのため、ジャンガリアンは別名「ウインターホワイトハムスター」とも呼ばれています。

もともと彼らが生息していたロシアは、冬に雪の降る地域。野生のジャンガリアンは冬でも活動するものがいるので、雪の中でも敵に見つかりにくいよう、全身または体の一部が真っ白に生え換わるのだといわれています。

ただ、これはジャンガリアンの一部にだけ見られる変化であり、どの子が真っ白に生え換わるかはわかりません。夏の時期にブルーサファイアの毛色を気に入って飼い始めたのに、冬になると真っ白な毛色に変わってしまって驚くなどのこともあれば、その逆の事例も。

毛色が変われど、その子がその子であることは変わりません。もし自分の愛ハムの毛色が季節によって変わってしまっても、今までどおりの愛情を注ぐのが真のハム愛ですよね。

LESSON 4

行動の意味を探ろう
[遊び編]

Q68

何十分も回し車を回しているけど、疲れない？

ハムゴコロ

走るの大好き！

野生のハムスターは、何十キロも走り回って食料を探します。小さい体に似合わず、もともと運動量が多い動物なのです。だから、何十分も回し車を回し続けてもバテることはありません。

　逆に回し車がないと、ただケージの中を走り回ることしかできず、せまいケージの中では運動不足になってしまいます。「とにかく走りたい」という本能をもつハムスターにはストレス。足腰が弱くなる老ハムの場合、回し車を撤去することもありますが、元気なハムスターなら回し車での運動は必須です。

ハムの格言　ハムの持久力を見くびるべからず

COLUMN

安全な回し車の選び方

ハムスターを飼ううえでの必須アイテム、回し車。ですが、かわいいデザインだけで決めてしまうのは危険。ハムスターの体に対して小さめのタイプは、背骨が反りすぎるなど体に悪影響を及ぼします。また、車部分がはしごのようになっていて隙間のあるものは、ハムスターが足をひっかけてケガをしやすいのでNGです。床置きタイプを使うのであれば、土台のしっかりした倒れにくいものを選びましょう。

こんなハムゴコロも

腹減った！

やたらとテンション高く、勢いよく回し車を回していること、ありますよね。そんなときはもしかすると、とってもおなかがすいているのかも。実はおなかがすくと、「早く食料を見つけなくちゃ！」という本能から、回し車を回す回数が増えるといわれているのです。えさ入れが空っぽになっていたら、早めに補充してあげて。

Q69 回し車を回しているとき、急に止まって見回すのはどういう意味？

ハムゴコロ

どれくらい来たかな？

回し車を回しているとき、ハムスターは縄張りを走り回って食料を探している気分でいます。ときどき立ち止まって辺りを見回すのは、「今どこまで来たかな？」と、確かめているのです。ケージの中では、どれだけ走っても変化はありませんから、「あれ？　変わってない。もっと移動しないと！」と思うのか、また回し車を回し始めます。

　春と秋の発情期には、異性に出会うために走り回ることもあります。「素敵な子、いるかな？」とキョロキョロしていることもありそうです。

ハムの格言　**食料と伴侶は走って探せ**

COLUMN

ハムスターの異性の探し方

オスはメスに比べ、広範囲の縄張りをもっています。恋の季節になると、自分の縄張りの中に小さな縄張りをもつメスたちのにおいを嗅ぎ分けて、発情中のメスを見つけ出し、交尾をします。しかし、なかにはメス探しに熱中するあまり、気がつけば別のオスの縄張りをウロウロ。その姿が縄張りの主に見つかり、攻撃されて大ケガをするなんてことも……。ハムの世界の婚活もなかなか厳しいようですね。

こんなハムゴコロも

なんか気になる…

立ち止まってキョロキョロと辺りを見回すのは、ふいに音やにおいに気づいて、その出どころを探っている場合もあります。走ることよりもそちらが気になったときは、ふたたび回し車を回すことはせず、ケージをウロウロと歩き回ったり、巣材を掘り出したりします。

Q70
勢いがついて回し車といっしょにグルグル。目が回らないの？

ハムゴコロ

回らないよ～

人間だったらひどい乗りもの酔い状態になりそうで、心配になってしまいますよね。でもハムスターは、平衡感覚をつかさどる三半規管が優れているため、あまり目が回ることはありません。たまに少しフラフラしていることがあっても、すぐにまた回し始めるのがその証拠です。

　ときには2匹、3匹と複数で回し車に乗って、1匹がグルグル回転してしまっていてもおかまいなしで回し続けることも。夢中になるとほかのことは目に入らないのかもしれませんね。

ハムの格言　ジェットコースターよりエキサイティング

遊び

Q71 トンネル遊びが好きなのはなぜ？

ハムゴコロ

野生の血がさわいじゃう

もともと、地中にトンネルを掘って巣穴をつくり生活するハムスターは、トンネル遊びが大好き。野生の本能も満たされますし、せまい空間にいることで安心できるのでしょう。トイレットペーパーの芯でも喜んで遊びます。

プラスチック製のトンネルをいくつも連結できるタイプのケージもあります。見ていて楽しいアイテムですが、プラスチックは湿気がこもりやすく、不衛生になりがち。また縦方向に進む配置の場合、体がすべり落下する危険があるので注意が必要です。

ハムの格言 トンネルに入らずんばハムを得ず

Q72 ハムスターボールの中で歩き続けるのは、楽しいから？

ハムゴコロ

怖いよ～！

楽しんでいるのではなく、「どうしよう！　止まれないよ～」と、パニック状態で歩き続けていることがあります。回し車とは違い、ハムスターボールの場合は自分の意思で止まることができません。壁に激突したり、階段からボールごと落下するといった事故も起こりえます。

運動させたいなら、回し車をケージに入れてあげるだけで十分です。部屋に放す際は、自分で自由に歩き回れるよう、ボールには入れずに散歩させてあげましょう。

ハムの格言　ボールにボクらをとじこめないで！

Q73 ケージの天井でうんてい運動しています

ハムゴコロ

外に出たい！

「どこかから出られないかな？」と、脱走できる場所を探しているのでしょう。散歩の習慣がついているハムスターは、縄張りチェックのために外に出たがるようになります。その執念はかなりのもの。プラスチック製のケージの壁をかじって穴を空け、脱走してしまうこともあります。

　高いところから落下すればケガをする危険もあります。天井などには登れないよう、足場となるものはどかす、ケージの上に重しを置くなど、脱走防止対策をしておきましょう。

ハムの格言 脱走のためなら壁をも登る

Q74 砂場で仰向けになってジタバタ！何が楽しいの？

ハムゴコロ

気持ちいいなあ〜

野生のハムスターは砂浴びをする習性があります。砂を浴びることで、体についた微生物や皮脂を落とすのです。ジタバタしているのは、体全体にしっかり砂を浴びるためです。

砂浴び場を用意する場合は、必ず市販の砂浴び用の砂を使いましょう。公園の砂場などの砂には雑菌がいて不衛生です。容器は屋根つきのものがおすすめ。砂をまき散らしてケージ内が汚れるのを防げます。

なかには、砂浴びをしない子もいますが、無理にさせる必要はありません。

ハムの格言 砂浴びで体をピカピカに！

Q75 床のすみなど掘れない場所を掘ろうとしています

ハムゴコロ

掘れるはずなんだけどな〜

ペットとして生まれた動物も、基本的には野生での生活に基づいた本能的な習性によって行動します。ハムスターは本来、土の上で暮らしていますから、「地面は掘れるもの」と認識しています。フローリングやケージの床を掘っても穴が空くことはないということはわかりません。「掘りたい」という本能に従っているだけなのです。

一生懸命床を掘ろうとするのには、何か恐怖を感じて逃げようとしている（Q59参照）など、理由があります。原因を取り除けばやめるでしょう。

ハムの格言 地面を掘ってくも隠れ！

Q76 毎日、同じ時間にソワソワし始めます

ハムゴコロ

お散歩の時間かな？

いつもだいたい同じ時間に散歩をさせている場合、その時間になるとソワソワして外に出たがります。

部屋で散歩することを覚えたハムスターは、部屋を自分の縄張りと思っています。短い時間でもいいので、毎日散歩をさせてあげてください。

部屋を一周すれば、一通り縄張りの点検が終わったということ。そのタイミングでケージに戻すといいでしょう。最初は戻されるのをいやがっても、毎日散歩できるとわかればやがて平気になります。

ハムの格言 お部屋の散歩は日々の楽しみ

COLUMN

お散歩の注意点

部屋のお散歩はハムスターにとっていい運動のひとつ。ただし、部屋をお散歩させる場合、ドアや窓はきっちり閉め、せまい家具の隙間はすべてふさいでおきましょう。次に、コード類をかじらないように届かない位置へと移動させ、画びょうやピン、ビニールや輪ゴムなど口に入れると危険なものが落ちていないか確認を。散歩中はハムスターから目を離さず、静かに見守りましょう。

こんなハムゴコロも

活動時間だ!

ハムスターは夜行性の動物なので、昼間は静かでも夕方ごろになると目を覚まし、ソワソワと動き始めます。18〜24時ごろが、最も活動的になる時間帯です。お世話はこの時間にするようにしましょう。そのあと人間が先に眠ってしまっても大丈夫。えさを食べたり、回し車を回したりと、ひとりでも忙しく活動します。

Q77

散歩中、絶対に通らない場所があるけど、なんでなの？

ハムゴコロ

ここは危険！

ハムスターの記憶力は犬や猫に比べれば劣りますが、ある程度のことは覚えています。「ケージをかじったらおやつをもらえた」という記憶からケージをかじるのがクセになるなどがその例。とくに、危険な思いをしたことはよく覚えています。命を守る本能が強く働くからです。

そのため、安全確認できた道をいつも通るのと反対に、ものが落ちてきた、踏まれそうになったなど、以前怖いことがあった場所は避けて通るようになります。

ハムの格言　危険地帯は避けるが吉

Q78 散歩中、部屋のすみにティッシュなどを集めている理由は？

ハムゴコロ

別荘をつくってるよ

野生のハムスターは、メインの巣穴のほかにも縄張り内にいくつかお気に入りの休息用の巣をもっています。遠くまで食料を探しに出たとき、少し休憩したり、危険を感じたら一時的に避難するための場所です。それが部屋に〝別荘〟をつくる理由。居心地のいい場所があると、「ここにも巣穴をつくっちゃおう」と思うようです。

別荘づくりは好きなようにさせてかまいませんが、食べものを隠しているのに気づかず放置すると不衛生なので、定期的にチェックを。

ハムの格言 くつろげる別荘はいくつもほしい

Q79

お散歩する道順が決まっているみたい

ハムゴコロ

ここを通れば安心、安心

ハムスターは歩くとき、自分のにおいをつけながら歩きます。はじめて歩く場所は恐る恐るですが、二度目以降はその場所に自分のにおいがするので、最初ほど怖くありません。

いつも同じ道順で回るのは、それが一度通ったルートで、自分のにおいがついているから。一度通ったことのある道は、つまり安全な道ということです。慎重な性格のハムスターは、同じ道を通るのが安心なのです。

急に模様替えしてしまうと混乱することもあるので、気をつけて。

ハムの格言 においをたどって交通安全

Q80 散歩中、テーブルからダイブ！ 遊びたいの？

ハムゴコロ

えっ、何これ!?

テーブルの上にいるとき、なんらかの理由で興奮状態になったか、恐怖を感じて、走って逃げようとしたのでしょう。ハムスターは目が悪いので、あまり遠くのほうまで見渡すことができません。テーブルの端が見えておらず、「道があるつもり」で走っていて、落っこちてしまうのです。

　ハムスターは人間のように「スリルを楽しむ」ということはありませんから、ただ怖い思いをするだけ。落下でケガをするおそれもあります。高いところで遊ばせるのはやめましょう。

ハムの格言 強気なハムでも高所は恐怖

Q81 テーブルから落ちても痛がらないのはなぜ？

ハムゴコロ

痛みには鈍感なんだ

ハムスターは皮膚に痛みを感じる場所（痛点）が少なく、内臓の痛みは感じても、ケガによる痛みには鈍感といわれます。そのため、ケガに自分で気がついていない場合があります。元気そうに見えたとしても、本当に異常がないかどうか、全身をしっかりチェックしてください。体重が軽いため、人間が高いところから落ちたときほどの衝撃は感じていないと考えられますが、油断は禁物。打ちどころが悪ければ死につながります。高いところには乗せない、登らせないのが鉄則です。

ハムの格言 痛みなくとも負傷あり

COLUMN

定期的に健康診断をしよう

ハムスターは野生の本能により、体調が悪くてもそれを隠そうとします。しかも体が小さい分、治療の遅れがそのまま命の危険へとつながるおそれもあります。飼い主さんによる毎日の体調チェックはもちろん、病院で定期的に健康診断を受けるのがおすすめ。通院に慣れておくことで、何かあった際の治療にもスムーズに対応することができるでしょう。早期発見・早期対応で、愛ハムの健康を守りましょう。

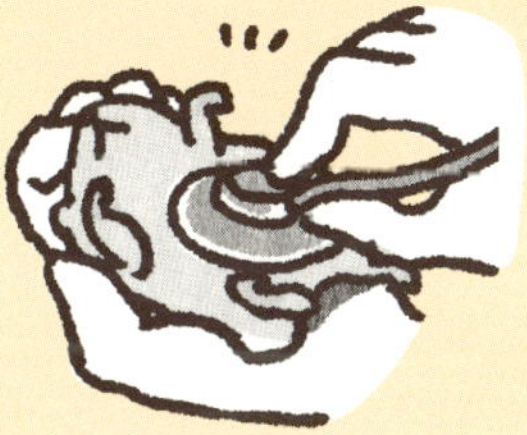

こんなハムゴコロも

弱みは見せません

自然界では、弱っている動物は敵から狙われやすいため、動物は本能的に体調不良を隠そうとします。そのため飼い主さんが初期の段階で気づけず、手遅れになってしまうことも。小さなケガでも、体の小さなハムスターにとっては命に関わることもあります。少しでもおかしいと思ったら動物病院で診てもらいましょう。

ハムの4コマ劇場 遊び編

バカな子ほど…
夢中で回し車を
回すハムちゃん
♪
「遠くまで来たぞ!!」
とか思っているのかな
サザザザザッ
周りの景色が同じ
なのに、おかしいと
思わないのかしら
カラララララララ
おバカなところが
かわいいよ…ハムちゃん

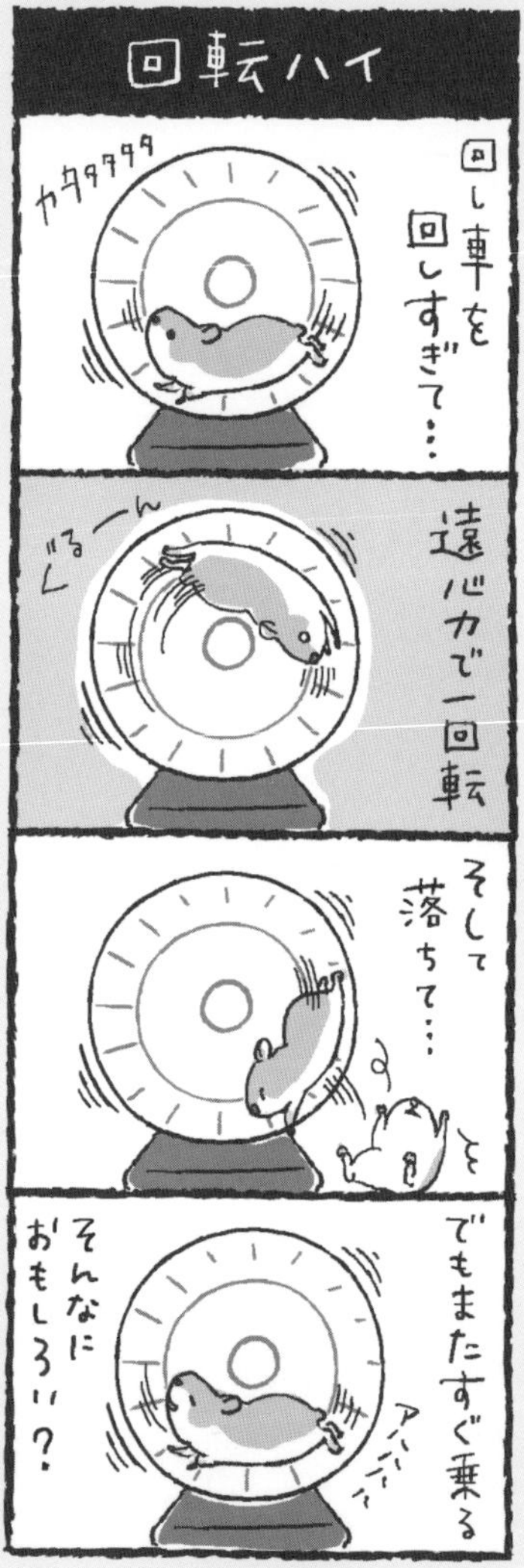
回転ハイ
回し車を
回しすぎて…
カタタタタタ
遠心力で一回転
ぐるーん
そして
落ちて…
でもまたすぐ乗る
そんなに
おもしろい?
アハハハ

経済的♡
トイレットペーパーを使い切ると
おっ
カラン
ハムちゃんに贈呈
新しいトンネルだよ～
!
うれしそうに、
通ったり
噛んだり
安上がりで、助かります
汚れたら捨てられるし～
どうせ買うモノだし～
ウフフ…

メタボ判定
ちょっと太り気味のハムちゃん
でっぷり…
いつものトンネルを通ろうとしたら
トイレットペーパーの芯
は…腹がつかえた!?
なんとか通り抜けたけど…
フー…
コリャダイエットさせなきゃ

COLUMN 4

ハムスターも「後悔」することがある？

まずい決断や判断で後悔するのは人間だけではないようです。最近の研究によると、「後悔する行動や神経活動がラットにも確認された」そう。アメリカの神経科学者によって発表され、反響を呼びました。

実験では、迷路のあちこちに４つのはしごを設置。はしごに到達するとベルが鳴り、一定の待ち時間を経てえさを受けとれるしくみ。待ち時間ははしごによって異なり、ベルの音の高さによって待ち時間がわかるようになっていました。はしごに到達すると「その時間まで待ってここでえさを受けとるか」、それとも「待ち時間が短いかもしれない次のはしごへ移るか」を選択できるようになっているのです。

あるラットは、ひとつ目のはしごで待ちきれず、次のはしごに移った際、ひとつ目以上に待ち時間が長いことを知りました。そのときラットは待ちきれなかったひとつ目のはしごのほうを振り返り、人間の「後悔」と近い神経細胞の活動パターンを示したそうです。

この結果は、ラットに近い仲間であるハムスターにもあてはまると考えられます。かわいいわが子には、できるだけ「後悔」のない一生を送ってほしいものですね。

LESSON 5

行動の意味を探ろう［コミュニケーション編］

Q82

ハムスターの名前を呼んだらくるり。名前を覚えているの？

ハムゴコロ

知っている音だ！

ハムスターはとても耳のいい生き物。自分の名前を覚えるというより、飼い主さんの〝声色〟と名前の〝音〟を聞きとって反応しています。

もし、「名前を覚えてほしい」と思うのなら、毎日えさを与える際、名前を呼ぶことを習慣にしましょう。日々繰り返すうちにハムスターが「〇〇と聞こえたときはいいことがある！」と覚えてくれるようになります。このとき、ハムスターが聞きとりやすい高めの声で、いつも同じイントネーションで呼ぶと覚えてもらいやすいです。

ハムの格言 その声色に覚えあり！

Q83 手の上にいるときは楽しいの？

手の上にいるときの気分、それは「手乗りに慣れている」か「慣れていないか」で大きく違います。日ごろから飼い主さんの手の上で遊んでいるなら、「楽し～い！」と感じています。

逆に、まだ手乗りに慣れていない子は、「ここどこ……怖いよ～」と恐怖心を抱き、ストレスを感じています。むりやり乗せてしまうと、それがトラウマとなることもあるため、「手の上＝楽しい場所」と思ってもらえるように、手乗りトレーニングで慣れさせてあげましょう（P61参照）。

ハムゴコロ

知らない手の上は怖いよ～

ハムの格言 手の上は天国 OR 地獄！？

Q84 手の上にいるときウンチするのは何かの仕返し？

ハムゴコロ

緊張してるよ〜っ！

Q47にあるように、ハムスターはいつでもポロポロとウンチをしてしまうので、「たまたま」手の上でしてしまっただけかもしれません。

ただし、極度の緊張状態になると、「おもらし」することもあります。ウンチではなくオシッコをしてしまうのは、あきらかに緊張している証拠。

ウンチの場合は、「たまたま」と「緊張」のどちらも考えられます。緊張しているときは足に力が入るので、爪が手に刺さってちょっと痛く感じることもあります。

ハムの格言 ウンチは笑って許して

Q85

上へ上へと腕を登っていくのは、高いところが好きなの？

ハムゴコロ

この先にはいったい何が？

手乗りさせていると、手のひらから腕のほうへ、上へ上へと勢いよく登っていこうとするおなじみの行動。もともと巣穴を掘って地下で暮らしていたハムスターは、人間の腕も「通路」のひとつとしてとらえ、「この先には何があるんだろう？」と、地上に出ていくようなワクワクとした気持ちで登っているかもしれません。

　同じように、手のひらの上のハムスターの前に、もう片方の手のひらを置くと、そちらへ乗り換えます。繰り返すと延々と歩き続けますよ。

ハムの格言　ハムゴコロくすぐる腕通路

Q86 ギュッとつかんでも、手の隙間から逃げようとします

ハムゴコロ

お外に出るぞ～！

ハムスターはせまい穴や通路が大好き！ 手の隙間を「トンネル」だと本能的に判断して、そこから外へ出ようとするのです。どれだけしっかりつかんでいても、小さな隙間に顔が入ると、やわらかい体をくぐらせ、スルリとぬけ出してしまいます。

　しかし、逃げてしまうからといって強くつかむのは禁物。つかまれて痛い思いをした印象が残ってしまうと、手乗りを拒否したり、ときには恐怖心からかみついてしまう子もいます。力加減には注意して。

ハムの格言　穴があったら入りたい！

Q87 上からつかもうとしたら怒った！いったいなぜ？

ハムゴコロ

襲われるっ！

野生のハムスターは、空を飛ぶ鳥に連れ去られて捕食されることが多く、上から未確認の何かが近づいてくることに対して、大変警戒心の強い生き物です。

もちろんペットのハムスターも同じ。自分の頭上に人の手がにゅっと出てくると「お……襲われる！」と恐怖心をあらわにし、パニック状態で攻撃してくることも。ハムスターを持つ場合は、いかなるときでも必ず顔の前に手を差し出し、ハムスターに手を確認させることが大切です。

ハムの格言 上からくる奴は容赦しないぜ

Q88

お菓子を食べていると**ジッと見つめて**きます。食べたいの？

ハムゴコロ

ジロジロ見てるだけ〜

ジッと見つめられていると、お菓子に興味があるのかな？と思いますよね。しかし、ハムスターの視力はそんなによくないため、それが食べものかどうかも判断できていません。飼い主さんがお菓子を口へ持っていく動きに反応して「あれは何かな？」と、ただ見つめているだけか、お菓子を食べている音に反応しているのです。

万が一欲しがったとしても、お菓子をあげるのはNG。ハムスターにとっては糖分や塩分が高く、健康を損なう原因になりかねないので注意して。

ハムの格言 お菓子見てても差し出すな

Q89

おなかをさわったら 怒った！ さわられるのがいや？

ハムゴコロ

おなかはやめて ちょうだい！

ハムスターにとっておなかは、急所のひとつ。おなかをさわられるのは大の苦手で、むやみにさわろうものなら「やめて！」と威嚇してくるだけでなく、ときにはかみついてしまうこともある、アンタッチャブルな部分なのです。

もし、愛ハムとスキンシップをはかりたいのなら、ハムスターが気持ちいいと感じる頭の後ろから背中にかけてをなでてあげるのがおすすめ。健康チェックでおなかにさわりたいときは、そっと優しくが原則。威嚇される場合は無理せずに。

ハムの格言 おなかはデリケートゾーンさ

Q90 私の手をなめるのは、私のことが好きだから？

ハムゴコロ

この味はなんだろう？

人の肌には、汗の塩分や皮脂などがついています。人の手をなめているときは、この塩分や皮脂などをなめているのです。草食動物のゾウなども、岩塩をなめることが知られています。ハムスターは「ん!?　なんだこの味は？　いつも食べているえさとは違う味がするぞ！」と思っているのでしょう。

残念ながらこの行動があなたへの好意の表れとは言い切れませんが、少なくともあなたに対して気を許している証拠ではあります。ちょっとくすぐったくても我慢しましょう。

ハムの格言　手指～は、キミの味～♪

表情
ボディ
行動
行動2
行動3

Q91

人をかむのは、攻撃しようとしているの？

ハムゴコロ

自分のことは自分で守る！

ハムスターがかむのは相手が憎いからではなく、自分の身を守るための防御手段。つまり、恐怖を感じているのです。ハムスター側から積極的にかんでくることは少ないはず。あなたがハムスターの恐怖のサインに気づかず手を近づけたりしたため、ハムスターはやむなくかむという手段に出たのです。

手乗りに慣れているハムスターが、あなたの手をペロペロとなめたあと「カプッ」と弱くかむのは〝甘がみ〟。じゃれあいの延長なので、大目に見てあげて。

ハムの格言 甘がみは笑って許して！

Q92 すぐかみつくのは ハムスターの性格？ それとも習性？

ハムゴコロ

かんだらうまくいく！

ハムスターは本来、理由もなしに突然かみつくという習性はありません。もし、すぐにかみつく子がいるとしたら、それは臆病な性格が原因。まれに気の強い攻撃的な子もいますが、ほとんどは臆病な性格の子です。とくに気の弱い子が飼われ始めて間もないとき、周囲におびえてかみついてしまうことがあります。それで相手を遠ざけることができると「こうすればいいんだ」と覚え、そこから「かみグセ」がついてしまうのです。臆病な子は少しずつ慣らすことが大切です。

ハムの格言 〝かむスター〟は臆病の証

Q93 首の後ろをつかむとおとなしくなる理由は？

ハムゴコロ

さあ運んでください！

親猫が子猫の首の後ろをくわえて運ぶのを見たことがありますか？　同じように、親ハムも子ハムの首の後ろをくわえて運ぶのです。そのとき子ハムは、暴れたりせずじっとするという本能があります。そのため、人に首の後ろをつかまれたときも、じっとおとなしくしているのです。

　しかし、長時間つかむことは、ハムスターの動きを制限することにもつながるため、大なり小なりストレスを与えてしまいます。いやがるときはすみやかに離してあげましょう。

ハムの格言　首の後ろはハム OFF スイッチ

Q94 懐いている子が急にかみついてきた! 嫌われたの?

ハムゴコロ

敵かと思った〜

普段どんなに懐いている愛ハムであっても、急に上のほうからつかもうとしたり、ほかの動物をさわった手でスキンシップを求めたりすると、ハムスターはその手を「外敵」とみなし、自己防衛本能で「ガブリッ!」とかみついてしまうことがあります。

愛ハムとコミュニケーションをとるときは、いつもどおりの声で話しかけながら、外敵ではないことを認識させるようにしましょう。一度怖い目にあわせてしまうと、懐きにくくなる場合もあるのでご注意を。

ハムの格言 親しきハムにも礼儀あり!

COLUMN

ハムスターとの接し方のコツ

ハムスターと仲良くなるにはいくつかのポイントがあります。まずは、静かにゆったりと動き、ハムスターを驚かせないこと。次に、いきなりさわるのではなく、声をかけ注意を向けてからさわること。最後に、えさを使って「おいしいものをくれる人」という印象をつけることです。以上のことに気をつけ、時間をかければ、良好な信頼関係が築けることでしょう。

こんなハムゴコロも

子どもに近づかないでっ！

メスのハムスターはもともと気が強いですが、発情期は、普段にも増して神経質な状態になっているため、扱いには注意が必要。また産後から育児の期間は、一番神経過敏な時期。飼い主さんがいつもどおりお世話するだけでも、ママハムは子どもを守りたい一心でこちらを威嚇し、攻撃してくることもあります。

Q95 大きな音を出したら失神しちゃった！気が弱いの？

ハムゴコロ

ビックリしちゃったよ～

野生のハムスターは外敵からつねに狙われており、警戒しながら生活を送っています。ペットのハムスターも警戒心が強く、新しい場所や大きな音が苦手。性格にもよりますが、気の弱い子は突然の大きな音に驚き、気を失うことがあります。Q34の「フリーズ状態」の拡大版で、コテンと転がり、まるで死んだようになる「偽死《ぎし》」という状態です。

もし、愛ハムが小心者の性格なら、普段から優しく小声で話しかけ、できるだけ静かに過ごしましょう。

ハムの格言 穏やかな暮らしが一番！

ハムとハム

Q96

ハムスター同士が鼻をくっつけあっているのは何？

ハムゴコロ

こんにちは！キミは誰かな？

鼻をくっつけあうのは、においを嗅いでお互いの存在を確かめあっているしぐさ。ハムスターは視力よりも嗅覚のほうが鋭く、においで相手を判断するのです。

しかも、顔を近づけることができるというのは、相手に対して友好的好奇心があることの表れ。いわば「こんにちは！」という仲間同士のあいさつのようなものなのです。

逆に敵対心が強い関係だと、相手と一定の距離をとりつつ、威嚇のしぐさを見せることも。

ハムの格言　「クンクン」がボクらのあいさつ

Q97 仲間のハムスターを乗り越えて歩くけど、迷惑じゃないの？

ハムゴコロ

へっちゃらだよ！

ハムスターの体重はとても軽いので、人の上に人が乗るほどは重く感じません。本当にいやなら暴れてケンカに発展するでしょうが、そういったこともとくに起きないということは、「ちょっと重いなあ……でも、まあいいか」という程度の気持ちなのです。

乗るほう、乗られるほう、2匹のハムスターは気を許しあっている仲間同士ですが、仲間を乗り越えるほうのハムスターは相手に対してやや強気で、「乗ってもかまわないよな？」という気持ちがあります。

ハムの格言 小さなことは気にしない～

Q98

仲間のハムスターにかみついているのは、じゃれあっているの？

ハムゴコロ

ケンカするときもあるよ

甘がみでじゃれあって遊んでいる場合もありますが、もちろんケンカしていることもあります。かまれているほうが「キーキー」と鳴いているようであれば、それは本気でかんでいると判断し、すばやくお互いを離してあげましょう。そのとき、飼い主さんがかみつかれることもあるため、自分の手を守る軍手などを着用しておくのがおすすめです。

　子ども同士の場合は、縄張り意識が芽生え始めたと考えて、1匹飼いの準備に入りましょう。

ハムの格言　縄張りに厳しいハム社会

Q99 なぜハムスターは集まって寝るの？

ハムゴコロ

みんなといると落ち着くなあ～

ロボロフスキーハムスターはとっても臆病な性格。集団で過ごすことで「みんなといるから安全だなぁ～」とリラックスした気分になっているのです。

就寝時、せまい場所で折り重なるように寝るのは、彼らにとってきゅうくつというよりも、むしろ安心感のほうが強いのです。

ほかの種類のハムスターは、ロボロフスキーのように集団で寝るのは子どものころまで。大人になると自分の縄張りをもちたがり、繁殖期以外は単独生活を好むようになります。

ハムの格言　おしくら饅頭、おされて安眠

ハムとハム

Q100 集まって寝ているとき外側の子が内側にもぐりこむのは？

ハムゴコロ

温かい場所に入りたい！

ハムスターは温かい場所が大好き。集団で集まって寝ているとき、内側の子はまわりを囲まれてぬくぬくですが、外側の子は外気にさらされているため少し寒いのです。「寒い！　温かいところへ入りたい！」と、目を覚ました外側の子は、重なりあった群れをかき分け、内側へもぐりこみます。そうすると今まで内側にいた子が外側に押し出される形になりますが、しばらくは余熱で温かく、スヤスヤ……。やがて寒くなってくると目を覚まして……の繰り返しです。

ハムの格言　満員電車は温かい

ハムの4コマ劇場 コミュニケーション編

かわいさあまって

手のひらの上で、
安心しきって
昼寝。
飼い主冥利に
つきる、瞬間。
スヤスヤ
においを
嗅いだり…
ふんふん
食べちゃいたく
なります♡
あーーん♡

拘束萌え

ハムスターは、首の
後ろをつかまれる
と うごけない
すごい人相(ハム
相?)も変わる!
ぐーん
張り付け状態で
動けないハムちゃん
…
困ってる姿も
かわいい…
…
(やっぱりS?)

チェックでわかる!

ハムスターからの愛され度診断

あなたはハムスターから100%の
愛情を注がれてる?
実はどうでもいいと思われてるかも……!?
うちの子からの愛され度を診断します。

STEP 1

あてはまるものをチェックしよう!

- □ おなかを出して仰向けで寝ていることが多い
- □ 名前を呼ぶと反応する
- □ 脱走グセがない
- □ ケージに手を入れても逃げない

STEP 2

あてはまるものをチェックしよう!

- □ 体をさわることを許してくれる
- □ ケージに近寄るとハムスターも寄ってきてくれる
- □ 指を差し出すとなめてくれる
- □ 健康チェックや体のお手入れをいやがらない

あてはまるものをチェックしよう！

STEP 3

- □ 手を差し出すと、自分から手に乗って遊んでくれる
- □ 飼い主さんの声に敏感に反応してくれる（声を覚えている）
- □ 手の上でえさを食べたり、手の上で寝てしまったりする
- □ ケージから出しても飼い主さんのそばにいることが多い

診断結果をチェック！

STEP1 ＝１つ２点
STEP2 ＝１つ３点
STEP3 ＝１つ５点を加算

合計点で判定します！

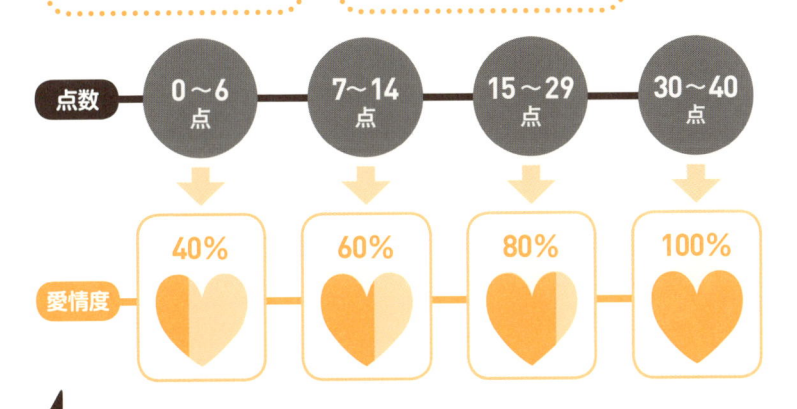

点数	0〜6点	7〜14点	15〜29点	30〜40点
愛情度	40%	60%	80%	100%

詳しい結果は次のページ

診断結果をチェック！

あなたはどれだけ愛されてる？

30〜40点 のあなたは…

やったー！　ハムスターはあなたのことが大好きです。あなたが呼ぶとすぐに近寄ってきてくれるのは、あなたに絶対的信頼があり、慕っている証拠。警戒心がほとんどないため、あなたの手の上でも大変リラックスした状態で過ごしていることでしょう。とてもいい相思相愛関係が築けているのは、あなたが日ごろから愛情をもって接しているからこそ。今後もいい関係が続くといいですね！

15〜29点 のあなたは…

「惜しい！」なんて、残念に思っている人もいるかもしれませんが、ハムスターにとってあなたはかけがえのない存在。ハムスターが安心して落ち着ける相手として、心を許しているのです。あなたの手に乗ることにも抵抗感はなく、声やにおいがすると「あ！　近くにいるな〜」と、ケージ内でも安心して過ごしているはず。この穏やかな関係が末永く続いていくよう、がんばりましょう！

空気のような
存在

7～14点 のあなたは…

あなたはハムスターにとって「つねに一緒にいたい！」というよりは、「近くにいても気にならない」存在。残念ながら「大好き！」とまでは思っていませんが、あなたに対して警戒心や嫌悪感はもっていないので、これから仲良くなれるチャンスはたくさんあります。飼いハムのことをよ～く観察し、今何をしてあげると喜ぶのかを考えてみるといいかもしれません。

どなた様？

0～6点 のあなたは…

ひーん、残念っ！　まだまだ飼い始めてから日が浅い？　もしくは、もともと臆病な性格の子かも。あなたに対する気持ちにまだまだムラがあるので、しつこくかまったり驚かせたりしてミゾを深めないように注意して。だけど、仲良くなれる可能性はあるので落ちこまないで。焦らずゆっくりコミュニケーションを重ねて、良好な信頼関係を築いていきましょう。

は行

発情 …… 26,63,112,113,145
鼻をヒクヒク …… 19
ハムスターのお乳の数 …… 53
ハムスターの嗅覚 …… 19,100,147
ハムスターの毛柄 …… 70,108
ハムスターの臭腺 …… 48,63
ハムスターの視力 …… 14,16
ハムスターの睡眠 …… 28,56
ハムスターの聴覚 …… 21
ハムスターの適温 …… 54,55
ハムスターの歯 …… 27,73
ハムスターの味覚 …… 74,140
ハムスターの目の色 …… 15
ハムスターボール …… 116
歯をガチガチ …… 27
歯をむき出す …… 44
ヒゲのお手入れ …… 17,43
ヒゲをヒクヒク …… 20
ひっくり返って大暴れ …… 25,59
不正咬合 …… 90
冬によく寝る …… 104
別荘をつくる …… 123
ほお袋がパンパン …… 38,41
ほお袋にウンチ …… 85
ほお袋の中身を急に出す …… 40
ほお袋を片方だけ使う …… 39
ほふく前進 …… 48

ま行

マーキング …… 81,83,97
毎日同じ時間にソワソワ …… 120,121
毎日同じものを食べる …… 74
前足をモミモミ …… 42
まばたき …… 16,17
回し車で立ち止まる …… 112,113
回し車で回る …… 114
回し車を回す …… 110,111
水をあまり飲まない …… 80
耳を後ろに向ける …… 22
耳をかく …… 46
耳を倒す …… 23
耳を立てる …… 21,61
目がショボショボ …… 16,17
目がパッチリ …… 14,15
目がランラン …… 49
猛ダッシュ …… 49

や行

床を掘る …… 96,119
夜になると元気 …… 72,121

INDEX

あ行

仰向けでジタバタ …… 25,58,59,118
あくび …… 28,57
足をなめる …… 78
威嚇 …… 22,24,25,27,41,44,59,137,139,145
痛がらない …… 126,127
ウインク …… 18
後ろ足で立つ …… 22,41,44,45
ウンチをあちこちにする …… 84
ウンチを食べる …… 86
ウンチを手の上でする …… 134
ウンチを投げる …… 87
えさを埋める …… 79
えさをくるくる回す …… 75
起き上がれない …… 58
オシッコ前後に砂かき …… 81
オシッコをあちこちにする …… 82,83
オシッコを巣箱の中でする …… 83
オシッコをなめる …… 99
おしりを床につけて座る …… 50
おなかをさわると怒る …… 139
おなかを見せる …… 52,53,59

か行

飼い主の腕を登る …… 135
飼い主のお菓子を見る …… 138
飼い主の手をなめる …… 140,141
顔を洗う …… 17,43
固まって動かない …… 60,61
かみつく …… 141,142,144,145,149
体を伸ばす …… 47,51,52,53,57
体を丸める …… 54,55
キーキー鳴く …… 25
求愛の歌 …… 26
キョロキョロする …… 45,112,113
首の後ろをつかむとおとなしくなる …… 143
首をかしげる …… 29
ケージから脱走したがる …… 97,117
ケージ掃除後にウロウロ …… 98
ケージの金網をかじる …… 90
ケージの天井でうんてい …… 117
ケージをペロペロ …… 99
毛づくろい …… 42,43,50,62,63,78
声を出さずに鳴く …… 26

さ行

散歩コース …… 122,124
ジジッと鳴く …… 24
失神 …… 146
ジッと見る …… 14,15,22,138
しっぽをピーン …… 47
集団で寝る …… 150,151
食欲旺盛 …… 77
食欲低下 …… 77
巣材に埋もれて寝る …… 101
巣材をかきわけてダッシュ …… 96
巣材をくわえてウロウロ …… 95
巣材を巣箱に入れる …… 93
巣材をちぎる …… 94
砂浴び …… 88,118
巣箱に入らない …… 92
すみっこが好き …… 89
せまい場所が好き …… 91,115
ソワソワする …… 63,120,121

た行

食べむら …… 76,77
つかむと逃げる …… 136
つかもうとすると怒る …… 137
爪切り …… 45
冷たくなって動かない …… 105
テーブルからダイブ …… 125
手乗り …… 61,133,134,135,136
転位行動 …… 62
トイレで砂浴び …… 88
トイレで寝る …… 103
冬眠 …… 54,77,93,104,105
トンネル遊び …… 115

な行

仲間と鼻をくっつける …… 147
仲間にかみつく …… 149
仲間を乗り越える …… 148
名前を呼ぶとふりむく …… 132
なめる …… 99,140,141
においに反応する …… 100
寝起きに伸び …… 57
寝ているときにピクピク …… 56
寝場所が変わる …… 102,103

監修
今泉忠明（いまいずみ　ただあき）
哺乳動物学者。1944年生まれ。日本動物科学研究所所長。大泉書店『幸せなハムスターの育て方』『猫語レッスン帖』、池田書店『はじめましてハムスター』など著書・監修書多数。

スタッフ

カバーデザイン	松田直子
本文デザイン	鈴木美貴／瀧下裕香（Zapp!）
イラスト・マンガ	イケマツミツコ
執筆協力	齊藤万里子
編集協力	株式会社スリーシーズン （富田園子／川上靖代）

ハム語レッスン帖

2016年8月19日　第5刷発行

監修者	今泉忠明
発行者	佐藤龍夫
発行所	株式会社大泉書店 〒162-0805　東京都新宿区矢来町27 電話　03-3260-4001（代表） FAX　03-3260-4074 振替　00140-7-1742 URL　http://www.oizumishoten.co.jp/
印刷所	ラン印刷社
製本所	明光社

ISBN978-4-278-03911-5　C0076